全断面硬岩掘进机
刀具系统与破岩机理

周　鹏　田军兴　郭菁菁　著

知识产权出版社

全国百佳图书出版单位

—北京—

图书在版编目（CIP）数据

全断面硬岩掘进机刀具系统与破岩机理/周鹏，田军兴，郭菁菁著. —北京：知识产权出版社，2019.12

ISBN 978-7-5130-6694-5

Ⅰ.①全… Ⅱ.①周… ②田… ③郭… Ⅲ.①岩石掘进机—掘进机刀具—研究 ②岩石破坏机理—研究 Ⅳ.①TD421.5②TU45

中国版本图书馆 CIP 数据核字（2020）第 000842 号

内容简介

本书以工程应用为背景，以大量相关文献和实践资料为基础，系统阐述了全断面硬岩掘进机刀具系统的研发要点及解决方案，为掘进机企业及隧道工程、矿山工程领域的企业和科研人员提供参考，对于推动我国全断面硬岩掘进机的技术进步和产业升级具有重要意义。

本书可供从事掘进机研究和隧道、矿山领域的工程技术人员、研究者参考。

责任编辑：张雪梅　　　　　　　　　　责任印制：刘译文

封面设计：曹　来

全断面硬岩掘进机刀具系统与破岩机理

QUANDUANMIAN YINGYAN JUEJINJI DAOJU XITONG YU POYAN JILI

周　鹏　田军兴　郭菁菁　著

出版发行：知识产权出版社 有限责任公司		网　　址：http://www.ipph.cn	
电　　话：010 - 82004826			http://www.laichushu.com
社　　址：北京市海淀区气象路 50 号院		邮　　编：100081	
责编电话：010 - 82000860 转 8171		责编邮箱：laichushu@cnipr.com	
发行电话：010 - 82000860 转 8101		发行传真：010 - 82000893	
印　　刷：三河市国英印务有限公司		经　　销：各大网上书店、新华书店及相关专业书店	
开　　本：787mm×1092mm　1/16		印　　张：8.75	
版　　次：2019 年 12 月第 1 版		印　　次：2019 年 12 月第 1 次印刷	
字　　数：136 千字		定　　价：69.00 元	

ISBN 978-7-5130-6694-5

前　　言

地下工程作为基础建设最重要的组成部分之一，对国家的经济发展具有极其重要的作用。全断面硬岩掘进机是硬岩地质地下隧道的主要施工装备，其工作性能及可靠性直接影响工程效率和工程质量。刀具系统是全断面硬岩掘进机的核心部件，主要由滚刀和刀盘组成。滚刀作为刀具系统的执行部件，承受着来自刀盘和岩石的双重压力，刀盘则承受着滚刀和刀盘推进装置施加的力。因此，由滚刀和刀盘构成的刀具系统是全断面硬岩掘进机的关键部件。

由于全断面硬岩掘进机是一种造价昂贵的大型、成套、高端设备，实验研究和模拟研究是攻克其刀具系统关键技术的重要手段。本书以全断面硬岩掘进机刀具系统实验台的研制和相关技术研究为例，系统阐述了全断面硬岩掘进机刀具系统的研发要点及解决方案，为掘进机企业和科研人员进行全断面硬岩掘进机的研究和开发提供参考，对于推动我国全断面硬岩掘进机的技术进步和产业升级具有重要意义。

全书以工程应用为背景，以大量相关文献和实践资料为基础，开展了一系列研究。其中，第1章阐述了全断面硬岩掘进机技术国内外研究现状及发展趋势，介绍了国内外刀具系统实验台的研究趋势；第2章介绍了掘进机构造原理及刀具系统；第3章介绍了全断面硬岩掘进机实验台的结构设计及控制系统设计；第4章研究了不同刀间距对滚刀破岩的影响；第5章分析了岩石节理和滚刀速度对滚刀破岩的影响。

在本书编写过程中，沈阳建筑大学机械工程学院孙健老师对全书进行了统稿，沈阳建筑大学研究生孙晓繁对本书进行了文字校核与格式修改，沈阳建筑大学信息工程学院郭喜峰老师对全书进行了审阅，在此表示感谢。

本书涉及的相关研究工作得到了大连交通大学米小珍教授的悉心指导；沈阳建筑大学吴玉厚教授、孙红教授、张珂教授、李界家教授，北方重工集团有限公司何恩光教授级工程师对作者的研究工作给予了很多帮助；沈阳建筑大学机械电子工程实验室的全体同仁给予了作者很多帮助，在此一并表示诚挚的谢意。

　　限于作者的水平，书中难免有不足之处，敬请读者批评指正。

目　　录

第1章 绪 论

1.1 研究背景

当今世界，经济迅速发展，城市土地资源日趋匮乏，世界各国都非常重视地下空间的开发和利用[1]。对地下空间的开发主要集中在隧道工程。传统的隧道施工多采用明挖方式，对地下管线、地面建筑、城市交通和人们的出行造成极大的困扰。全断面掘进机作为当前地下交通、隧道施工的重要设备，相对于传统的施工方法具有掘进速度快、施工工期短、作业环境好、对生态环境友好、综合效益高等诸多优点，已被广泛应用于世界各个国家的城市建设中。全断面掘进机包括全断面硬岩掘进机和盾构机两类，其中全断面硬岩掘进机适用于硬岩地质结构，盾构机适用于软质土层等地质结构。本书将重点对全断面硬岩掘进机进行介绍。

纵观当今世界，可以预测，至21世纪末世界上将有三分之一的人口工作、生活在如地铁、电力工程、电信工程、地下管廊、海底隧道、岩石隧道等地下空间中[2]。我国已经形成世界上规模最大、发展最快的轨道交通建设市场，也是盾构机需求最大的市场。2010—2017年，全国轨道建设工程量以每年约17%的速度不断增长。截止到2017年年末，我国轨道交通总建设里程已经超过3500km。据不完全统计，2012年以来我国已生产全断面硬岩掘进机超过1500台[3]。

近年来，在我国经济快速发展的推动下及国家政策的引导下，各领域的工程建设规模和强度持续加大。面对日益拥挤的城市路况，大量隧道交通工程被提上日程。我国高速铁路建设已经全面铺开，山区等复杂的地质条件也需要隧道掘进技术的不断创新和发展。据不完全统计，我国在未来10年间会有十多座城市全面建设地铁工程，届时将会建成3000km长的地下隧道[4]。国务院下发的《十大产业振兴规划》中明确把装备制造业列为十大振兴产业之一，加速推进了我国隧道掘进机的研发及产业化。因此，能够适应多种地质条件和土层结构的复合式全断面硬岩掘进机（Tunnel Boring Machine，TBM）和断面尺寸多样化的超大型或微小型 TBM 是未来的发展趋势；同时，TBM 的机器人化，即采用控制技术实现自动化，也是其未来的发展方向。总之，新结构、新形式、新概念的全断面硬岩掘进机将会不断推出。

1.2　全断面掘进机的发展历程、研究现状和发展趋势

1.2.1　全断面掘进机技术的发展历程

1. 国外技术发展历程

隧道掘进机技术源于欧洲，其发展经历了一个漫长的历程。盾构施工法设计 1818 年由 Marc Isambard Brunel 提出，其设计灵感源于木船小虫的成洞原理，并根据该原理制造出了首台敞开式手掘盾构机[5]。1846 年，意大利人 Mans 在建造法国和意大利之间的 MON CENIS 隧道的过程中对盾构技术进行了发展和应用，在隧道开挖过程中采用了机械岩钻[6]。1852 年出现了第一台蒸汽机驱动的岩石掘进机。1884 年，在英吉利海峡隧道的建设中应用了由博蒙特设计的直径为 1.2m 的掘进机，掘进距离达 3 海里。在随后的几十年，掘进机在一些国家得到制造和研究，但由于技术问题，掘进机的研制陷入了停滞状态。1947 年，掘进机的研制有了新的突破，美国的罗宾斯掘进机制造厂生产的原始型掘进机在煤层和页岩中进行了掘进开挖，并取得良好的破岩开挖效果，从此盘形刀具开始应用于掘进机。1954—1956 年，罗宾斯掘进机制造厂对硬岩掘进机的研究取得显著成效，分别生产出了开挖直径为 2.44m 和 3.28m 的硬岩掘进机，其中 131 型掘进机的研制成功成为 TBM 技术发展的转折点，由此 TBM 的研制进入了一个蓬勃发展的时期。1956 年，罗宾斯掘进机制造厂经过不断的探索、改进和创新，在美国南达科他州奥阿西大坝项目中开发研制出直径为 8m 的新型掘进机，掘进总长达 6750m，日掘进最高可达 42m，周掘进可达 190m，由此诞生了第一台真正进入实用阶段的 TBM，把

TBM 推向了广泛应用的阶段，为 TBM 掘进技术开拓了长足发展的空间。1969 年，罗宾斯制造了直径达 11.2m 的掘进机，并应用于西巴基斯坦曼格拉大坝的建设。目前，国外 TBM 设备制造和施工技术日趋完善，形成了一整套设计和生产机制，企业可针对工程对象选择相应的 TBM 直径，如水利工程隧道施工 TBM 直径一般为 3.2～10m，铁路隧道施工采用的 TBM 直径为 6.0～10m，公路隧道由于车道较多、隧洞断面大，一般选用直径 8～12m 的全断面 TBM 一次成洞[7]。由于 TBM 具有施工效率高、安全可靠等优点，TBM 应用研究的国际化发展趋势越发明显。

经过一个多世纪的实践积累和技术创新，并对相应的岩土力学理论进行研究和发展，结合相关的系统控制理论，掘进机技术不断走向成熟。随着对不同地质工况下的隧道开挖情况的增多，为适应不同地质条件，各种完善圆形断面平衡方式的盾构方法陆续问世，如挤压盾构、土压平衡式盾构、泥水加压盾构、泥水盾构等，其中泥水盾构和土压平衡式盾构两种掘进机的问世标志着掘进机技术发展到了一个新的高度，也标志着网格挤压式盾构隧道掘进机和闭胸式盾构隧道掘进机逐渐退出了掘进机的舞台。在掘进机发展过程中，许多企业的应用和研制起到了推波助澜的作用，如德国的德马克、海瑞克（Herren-knech）和维尔特（Wirth），美国的罗宾斯（Robbins），瑞典的阿特拉斯-佳伐，英国的马克汉姆，法国的法马通（NFM）集团，日本的三菱重工、小松、川崎重工等[8-11]。这些企业为抢占市场先机，纷纷加大研究投入，不断创新，使得掘进机的直径越来越大，一次成形效率越来越高，开挖断面的形状越来越多样，如双圆形、矩形、马蹄形、门洞形、三圆弧形等。在对开挖断面进行多样性研究的同时，对带有斜坡的隧道的开挖研究也取得了显著的成就，如德国的 Wirth 公司和美国的 Robbins 公司研发了能够掘进仰角 45°～俯角 18°倾斜隧道的掘进机。掘进机的多样性发展不仅满足了不同地质条件和工作环境的要求，而且大大提高了掘进机的使用效率，节省了隧道开挖成本。

2. 国内技术发展历程

我国的隧道盾构技术发展起步较晚。20 世纪 60 年代初，我国的盾构机技术才开始发展，在没有国外相关技术借鉴的基础上开始了艰难的独立自主的研制。1962 年，上海市城建局隧道工程公司对软土层进行了系统的研究，生产出了我国首台手掘式普通敞胸式掘进机，其开挖断面直径为 4.16m，并在工程中成功掘进了 68m。1966 年，由上海隧道工程设计局设计，江南造船厂制造了国内首台直径为 10.2m 的网格挤压式掘进机，并在 16m 深的黄浦江江底成功掘进了 1332m，建成了我国首条水下公路——打浦路隧道，实现了我国盾构法施工"零的突破"[12,13]。网格挤压式掘进机如图 1.1 所示。

图 1.1　网格挤压式掘进机

1984 年，我国自行研制出第一台开挖直径为 11.3m 的挤压式盾构机，此盾构机曾用于上海过江隧道的建设。其特点是结构简单、造价低廉，但后因其在工作过程中对土体稳定性控制较差而逐渐被淘汰。1987 年，由上海隧道工程公司研发，上海造船厂生产了我国首台加泥式土压平衡式盾构机。该掘进机曾于 1988 年在上海南站过江电缆隧道的建设中使用，成功完成 583m 的掘进距离。

进入 20 世纪 90 年代后，我国开始引进外国承包商帮助国内厂商与施工单位生产、研发掘进机，TBM 生产和使用技术得到了长足的发展。1990 年，在上海地铁 1 号线建设过程中，采用了法国 FCB 公司和国内多家单位联合设计制造的直径为 6.34m 的土压平衡式盾构机，并成功完成了 17.374km 的掘进。1995 年，在上海地铁 2 号线的建设中，除了沿用地铁 1 号线中采用的掘进机外，还应用了法国 FMT 公司和国内企业联合研制的 TBM，以及日本三菱重工生产的土压平衡式盾构机，并应用了一台国产土压平衡式盾构机。在这个工程项目中不仅应用了国际知名企业生产的掘进机，还采用了国内厂家生产的盾构机，这对我国掘进机的发展有着重要的意义。2008 年，中铁隧道集团在武汉长江隧道的建设中采用了法国 NFM 生产的直径为 11.38m 的泥水式盾构机，并实现了武汉长江隧道的双线贯通。2011 年，中铁隧道集团采用德国海瑞克公司生产的开挖直径为 6.52m 的泥水式盾构机完成了武汉地铁 2 号线越江段的开挖。在应用国外盾构机的过程中，我国技术人员不断学习、积累国外先进的技术，并对消化、吸收的技术不断改革创新，逐渐建立起自主的生产应用技术。1996 年，上海隧道股份有限公司成功研制出一台 2.5m×2.5m 的可变网格矩形顶管掘进机，这是我国方形断面隧道开挖技术的一大进步。在该掘进机研制过程中不仅很好地解决了隧道结构问题，还攻克了导向、沉降控制、纠偏等技术难题。该掘进机后经试验改进，于 1999 年在上海地铁 2 号线陆家嘴车站地铁口过街人行地下通道的建设过程中成功掘进达 100m，开挖高度超过 60m，开挖宽度为 2.5m。

2013 年 12 月，由中国中铁装备集团有限公司自主研发生产的世界最大的矩形盾构机（长 10.12m，高 7.27m）在郑州生产厂完成下线，标志着我国矩形盾构技术在世界上已达领先水平。这台盾构机将用于郑州地铁的施工建设，建成的隧道将是世界上最大的矩形断面隧道。

进入 21 世纪以来，我国经济快速发展，东西部联系日益密切，铁路、公路隧道建设速度加快。与此同时，我国城市化进程加快，城市之间高速铁路和高速公路的建设及新城市交通建设、市政管道、地铁交通建设等一系列建设工程使得我国的掘进机市场变得供不应求。由此，我国开始大规模采购国外先进的掘进机，并参与到掘进机的生产和施工过程中。在生产和施工过程中，通过与国外技术人员学习交流，积累施工经验，掌握施工技术，为我国 TBM 的设计创新打下坚实的基础。中铁隧道局在建设秦岭隧道北口的过程中独立应用德国维尔特公司生产的 TBM，顺利完成隧道的开挖，标志着我国已具备独立自主掘进长隧道的能力。在随后的几年，我国开始购买国外生产技术或者与国外厂商合作，以中外合资的模式在国内组装生产掘进机。2007 年，北方重工集团收购了法国 NFM 掘进机生产公司，这对我国掌握和发展掘进机技术起到了巨大的推动作用。2013 年，中铁装备集团有限公司购买了德国维尔特掘进机的知识产权，从而成为世界上具有硬岩掘进机生产知识权的企业之一。2003年，昆明掌鸠河引水供水工程建设中应用了中国第二重型机械集团公司和美国罗宾斯合作生产的新一代双护盾掘进机，并成功完成隧道的贯通。在对国外技术进行消化吸收后，近几年我国的 TBM 事业得到蓬勃发展，并在 TBM 的设计制造方面取得可喜的成就。2003 年 9 月，在上海轨道交通 8 号线建设过程中应用上海隧道工程股份有限公司制造的双圆掘进机成功开挖了双圆隧道。这是我国应用盾构技术完成的首条双圆隧道。该掘进机如图 1.2 所示。

图 1.2　中国开挖首条双圆隧道应用的掘进机

经过几十年的积累，我国的掘进机生产设计技术得到飞跃发展，不仅在许多生产设计技术上有了自己的知识产权，而且在施工技术上有了新的突破。在国家的大力支持下，通过高校和许多企业的共同努力，我国在掘进机技术领域已经开始慢慢跻身于世界先进行列。

2010 年中铁隧道集团采用法国 NFM 公司生产的开挖断面直径为 11.18m 的泥水式盾构机对广深港铁路客运专线狮子洋隧道进行施工，并成功实现了地中对接。2011 年 3 月，在狮子洋隧道的施工中采用两台北方重工集团生产的直径为 11.18m 的泥水加压式 TBM 在右线成功实现江中对接。这条隧道是当时国内里程最长、施工难度最大、技术含量最高、风险最多的水下铁路隧道，在隧道掘进过程中不仅面临断面围压的问题，还需解决高水压、强透水和易坍塌等诸多问题。为解决复杂地下工况带来的问题，保障施工的正常进行，在 TBM 设计中采用了气垫式泥浆运输系统，总推力为 123 850kN，总质量约为 1600t，日掘进进度最高达 22m。该隧道掘进过程中还首次应用了"相向掘进、地中对接、洞内解体"的施工方式，成为从越江向越洋延伸的标志性工程。狮子洋隧道建设工程中采用的泥水加压掘进机如图 1.3 所示。

2012 年，中铁隧道集团通过对单护盾成套技术的研究实现了单护盾 TBM

图 1.3 泥水加压掘进机

关键制造技术的突破，使得我国单护盾盾构机的生产摆脱了依赖国外制造商的窘境，形成了具有独立知识产权的新兴产业，这对我国盾构机产业国际竞争力的提高具有重大意义。

2013 年，我国成功研发了开挖直径为 5m 的新型敞开式无轨运输的硬岩掘进机，标志着我国在该领域拥有了独立的技术；同时，我国建立起具有自主知识产权的硬岩掘进机研发平台，将对我国掘进机产业的发展起到巨大的促进作用。

2014 年 2 月，由中国铁建重工集团、浙江大学、中南大学、天津大学和中铁十八局等共同研发的我国首台具有自主知识产权的大直径敞开式全断面硬岩掘进机在湖南长沙中国铁建重工集团生产车间顺利完成组装生产（图 1.4）。它的研制成功不仅填补了我国大直径全断面硬岩隧道掘进机的空白，而且打破了国外对我国全断面掘进机的长期垄断，标志着我国全断面硬岩掘进技术已达到世界领先水平。

图 1.4 国内自主生产的首台全断面硬岩掘进机

　　2015年，北方重工集团成功研发了世界首台立井煤矿岩巷全断面掘进机，并在淮南矿业集团张集矿成功应用，标志着我国TBM技术在部分领域已经开始走向世界前沿。2015年8月，由中铁工程装备集团设备公司自主研发的国内首台硬岩泥水平衡顶管机在南宁市邕宁区龙岗片区道路BT项目利福路（四标段）污水管顶管工程中得到应用。

　　2015年后，我国的TBM实现了国产化，国内生产出了拥有自主知识产权的TBM设备，摆脱了只能依靠引进国外TBM的局面，因此2015年至今可以称为我国TBM的自主发展时期。此阶段的典型工程有引松供水工程、兰州水源地工程和内蒙古补连塔煤矿斜井工程等。引松供水工程的第3台TBM为国内首台拥有自主知识产权的TBM，兰州水源地工程中应用的TBM为国产首台双护盾TBM，内蒙古补连塔煤矿斜井工程是世界首例单护盾TBM用于长大煤矿斜井施工的工程。2017年后我国企业开始面向国外施工市场，如厄瓜多尔、越南、巴基斯坦、埃塞俄比亚、伊朗和黎巴嫩等都有国内的TBM施工队伍，在国际隧道（洞）工程建设中践行着"人类命运共同体"的理念。

　　此外，近年来国内针对TBM刀具系统的状态监测也进行了多方面的研究，如面向服务架构（SOA）的全断面掘进机（TBM）健康管理系统、基于Delphi的全断面掘进机故障诊断专家系统，以及应用三线值分析法和振动监测法进行分析等。

1.2.2　全断面掘进机技术研究与应用现状

1. 国外研究现状

　　目前，国外学者在全断面隧道掘进技术尤其是刀具系统方面已经取得了一系列研究成果。文献[14]提出了比能的概念，对其物理意义进行了解释和阐述；其将比能分为由推力产生作用的比能SEthrist和由旋转作用产生的比能SErotion两大部分，并经过研究得出，在旋转作用下产生的比能SErotion比在推力作用下产生的比能SEthrist大。文献[15]对全断面掘进机刀具破岩过程中切向力和法向力的关系进行了研究，得出结论：在两种力值不大于最大值的条件下，调整切向力与法向力的比例关系，可以最大限度地传递机械能量，使刀盘的切削状态达到最优。文献[16]通过实验对盘形滚刀切割花岗岩的性能做出了预测，认为花岗岩中石英含量越高，滚刀切割岩石的难度越大。文献［17］对两把盘形滚刀侵入岩石进行了仿真，研究了节理对裂纹扩展的影响，优化了刀间距的布置。文献［18］利用 3D 仿真技术对切削土体的动态过程进行了仿真，分析了切削速度、切削角度与切削力的关系，得出了切削速度大小与切削力成反比的结论。文献［19］按照库仑-莫尔特定理论，在假设无侧面断裂和流体流动的条件下，通过解出破裂断面上的正应力和剪应力并进行推算，得到刀具破岩过程中的正向切削力。文献［20］对切煤情况进行了研究，通过最大拉应力等的研究对切削力进行了精确的计算，提出了切削力计算方法。

国外各个大公司对掘进机设备的研究不断取得突破，产品自成体系[21-24]：

1）盘形滚刀的推力从每把刀 20t 增至 40t，滚刀直径从 15 英寸（394mm）增至 21 英寸（534mm）。

2）洞内换刀的方式由刀盘前换刀改进为刀盘背面换刀。

3）适用于软、硬岩石的双护盾全断面掘进机得到了广泛的发展和普遍应用。

4）可编程控制器代替了过去用有线继电器控制掘进机的液压、润滑和电气等系统。

5）德国的维尔特公司、加拿大的 HDRK 公司和法国的布依格公司成功研制出针对软岩的摇臂式掘进机，用于开挖圆形和矩形断面隧道。

6）德国海瑞克公司研制的敞开式全断面掘进机，根据埋深变化可在洞内进行机器直径的调整。

2. 国内研究现状

目前，国内全断面隧道掘进技术的研究一般是引进、消化、吸收国外相关技术，许多公司还需要国外专业技术人员指导和协助，共同制造安装。全断面掘进机的相关设备对质量要求很高，但是国内很多生产技术不能满足要求，因此一些关键设备还需进口，如大轴承、液压阀、驱动马达等关键部件都要引进国外产品[25]。虽然我国隧道掘进技术水平与国外先进水平还存在一定的差距，但经过 60 多年的努力和发展，国内相关技术水平有了很大的提高，相关专家学者做出了诸多贡献，特别是在刀具系统关键技术研究方面。

李震等[26]在对复合型隧道掘进机进行分析设计计算的基础上提出了针对复合型刀盘的设计及滚刀布置方法。李刚等[27]提出了一种基于 CSM 模型的 TBM 刀盘比能预测方法，对刀盘支撑架进行了优化，提出了新的刀盘支撑技术，减少了刀盘掘进时产生的振动。李辉等[28]利用 ABAQUS 对全断面掘进机刀盘刀具进行了有限元分析，对刀具受力情况进行了仿真，同时提出了滚刀螺旋布置方法。张魁等[29]基于不同围压条件对全断面隧道掘进机的刀盘进行了应力分析，建立了新的滚刀寿命预测模型。王旭等[30]采用 SolidWorks 对改造后的地铁隧道掘进机刀盘进行了受力与磨损分析，得出了适用于大深埋、硬岩材质的刀盘结构。卢瑾等[31]对全断面隧道掘进机刀盘进行了仿真分析，得出了刀盘结构的位移、应力和应变云图，并提出刀盘结构的修改方案。孙金山[32]和谭青[33]等对土压平衡隧道掘进机刀盘切削土体建立了数学模型，并通过 ANSYS 有限元分析软件建立了分析模型，得出了相应的计算公式，优化了滚刀破岩计算方法。邓志鑫等[34]针对大瑞铁路高黎贡山隧道工程特定岩性条件，运用显示动力学理论和岩体破碎准则建立了滚刀破岩数值模型，并对不同贯入度下滚刀的破岩效率进行了分析。夏毅敏[35]和桑松龄[36]等建立了岩石在盘形滚刀作用下的力学模型，给出了岩石在盘形滚刀作用下形变的几何方程、物理方程和平衡方程。张坤勇等[37]和莫振泽[38]研究了岩石节理倾角和间距对隧道掘进机破岩特性的影响，验证了两把滚刀破岩过程中存在一个最优距离，在此距离下滚刀破岩效率最高，同时结合工程实例，建议根据不同地形合理选取滚刀以提高掘进效率。邓立营[39]和程军[40]等给出了全断面掘进机的刀具布置设计方法，并给出了刀盘上不等刀间距的滚刀破岩量的估算方法，建立了带复杂性能约束的非线性多目标刀具布置优化模型，进而在该模型目标函数及其约束条件的耦合分析和解耦的基础上得出刀具布置极径与极角计算的分阶段求解策略，并在全断面掘进机上进行了验证。

3. 国外应用现状

近年来，全断面掘进机隧道施工技术在科技进步的带动和推进下得到了飞速发展，技术与质量也达到了一定的高度。当今世界，全断面掘进机掘进完成的隧道数量，特别是深埋长隧道的数量不断增多，在很大程度上保证了隧道工程掘进的速度和质量。据初步统计，现今全球利用全断面隧道掘进机施工完成的隧道达到1000条左右，总长度近4000km，见表1.1[41]。尤其是在美、日和欧洲发达国家，在隧道施工领域全断面隧道掘进技术已占有举足轻重的地位。

表1.1 国外全断面掘进机技术应用情况

掘进机直径 （m）	工程数量 （个）	不同直径掘进机 应用比例（%）	隧道长度 （m）	工程数量 （个）	不同长度下掘进机 应用比例（%）
≤3.5	35	17	<1 000	8	4
3.5～7.0	109	54	1 000～3 000	43	26
7.0～10.0	35	18	3 000～5 000	43	26
>10.0	21	11	5 000～10 000	70	44

鉴于圆形截面与全断面隧道掘进机刀盘相符的特点，隧道基本都是利用全断面隧道掘进机掘进的。已建成的典型隧道有日本青函隧道、英吉利海峡隧道、南非莱索托隧道、瑞士哥特哈得隧道等[42]。目前国外施工的著名隧道工程分布在南非、瑞士和意大利等国家，主要有南非莱索托南水北调工程、瑞士哥特哈得铁路隧道工程和全欧洲境内计划中的高速铁路网中的众多隧道等[43]。2001年11月，地下隧道"绿心隧道"（Groene Hart）在荷兰开始掘进。该项目被誉为满足生态平衡的工程项目，隧道直径约15m，是当时开挖直径最大的隧道工程，工程中使用的全断面掘进机如图1.5所示[44]。

图1.5 法国制造的直径14.87m的全断面掘进机

4. 国内应用现状

当前，随着我国经济实力和科研水平迅速提高，在相关国家政策的带动下，国内的全断面掘进机制造产业得到了突飞猛进的发展，但应用技术水平与西方发达国家相比仍有一定的差距。在掘进机的研制过程中，一方面引进掘进机主机设备等关键性部件，一方面采用合资或合作方式生产配套设备。通过不断引进、消化、吸收国外先进技术，我国全断面掘进机正逐步实现完全国产化。国内全断面掘进机技术应用实例见表 1.2[45]。

表 1.2　国内全断面掘进机技术应用实例

工程项目	施工时间	掘进机直径（m）	掘进机制造商	数量（台）	施工承包商	项目状况	最高月进尺（m）
引大入秦	1991 年	5.5	Robbins	1	意大利 CMC	完成	1300.8
引黄入晋总干线	1994 年	6.1	Robbins	1	意大利 CMC	完成	1080.6
秦岭隧道	1995 年	8.8	Wirth	2	中铁隧道集团	完成	528.1
引黄入晋总国际2 标、3 标	1998 年	4.80～4.92	Robbins	3	中意联营体	完成	1822.0
引黄入晋总国际2 标、3 标	1998 年	4.9	NMF	1	中意联营体	完成	1324.0
引黄入晋总国际2 标、3 标	2000 年	4.8	Robbins	1	中意联营体	完成	2047.6

目前，我国拟建隧道项目有着明显的发展优势，除了国内多个正在建设的地铁工程，陕西省石头河输水隧道工程、甘肃省挑河输水隧道工程、新疆恰甫其海输水隧道工程等都在积极建设。这表明，我国全断面隧道掘进机施工的高峰时代已经来临，并会逐步形成一个全新的、具有高技术水准的施工领域。

1.2.3　全断面掘进机的发展趋势

通过对全断面掘进机发展技术和应用现状的分析可知，未来的全断面掘进机无论在功能、寿命、使用效率还是造价等方面都要不断满足更多的发展需要。我国的掘进机技术正朝着以下四个方向发展[46-48]。

（1）重型化和大功率化

目前，大功率、重型掘进机已然成为掘进机厂家研发水平和制造能力的一个衡量标准。大功率、重型掘进机具有切割范围大、破岩能力强、机身稳定性好等优势，能够满足长隧道、高埋深及土体自稳能力差等复杂施工环境的要求。随着隧道不断加深，巷道断面不断扩大，大功率掘进机的发展是一个必然趋势。

（2）高破岩效率和低损耗率

因掘进机刀具系统在掘进过程中需时常更换，且成本较高，所以刀具较高的破岩效率、较低的磨损率是掘进机的关键性能指标，也是用户重点关注的性能。影响刀具破岩效率与磨损的主要因素包括滚刀切割线速度、切割力的大小、切割深度。优化滚刀、提高滚刀生产加工质量的同时，合理选择上述及其他多个参数，建立施工参数数据库也是使掘进机获得较高的掘进效率和较低的磨损率、维修率的一种重要的方法和研究方向。

（3）自动化、智能化

随着地下掘进技术的快速发展与多元化结合，当今的全断面掘进机技术正向着机电一体化、液压自动化、控制一体化和智能化方向发展。其中，计算机技术的发展使得掘进机的自动化程度越来越高，具有施工数据采集、掘进姿态管理、施工数据管理、设备管理、施工数据实时远程传送等功能，能够自动检测掘进机的位置和姿态，并利用模糊理论自动进行调整，可自动平衡压力控制、自动实现管片拼装等。我国针对该研究领域专门设立了"863"、重大专项等多项国家级重点项目，鼓励掘进机远程控制技术、掘进机监测系统、掘进机可视化远程监控等相关技术的研发。

（4）个性化定制

我国幅员辽阔，地质、地下条件复杂，而全断面掘进机在设计方面更多的是适应北方的地质结构。南方地质松软、水多、巷道窄小等条件很可能不适于常规掘进机。据统计，我国南方部分地区因地质条件较差、断面窄小、坡度大、岩石太硬等而不宜使用掘进机施工。因此，特殊巷道的个性化零部件研制成为掘进机一个重要的发展方向，研制适应特殊形状、特殊工况的掘进机以用于特殊地质隧道施工，提高我国隧道施工的机械化率，是一个重要的发展方向和发展趋势。

　　通过对上述全断面掘进机技术发展和应用情况的分析，尤其是对目前全断面掘进机刀具系统技术研究成果的分析，发现：第一，多数研究成果仅对刀具系统中的某一项因素进行分析，而且研究的约束条件较多，但实际滚刀破岩工况复杂，单一因素的研究不符合实际情况；第二，刀具系统破岩过程中影响因素较多，而且很多因素间存在一定的关联度，之前的研究成果缺少将滚刀破岩在多重因素下进行综合考虑的方法；第三，在理论研究方面，由于缺少能真实模拟滚刀破岩过程的实验工具，理论研究和分析的成果无法得到有效的验证，而且实际施工中多以经验公式为主，缺少与理论分析的联系，加之破岩过程涉及多个领域的知识，造成理论与实践的结合程度较低；第四，随着掘进施工的推进，滚刀的磨损和地质结构的变化对破岩工作效率影响较大，目前的研究成果中缺少二者与破岩效率的耦合关系分析。基于上述原因，本书将重点以全断面硬岩掘进机刀具系统为研究对象，对刀具系统破岩过程进行系统研究，建立完全模拟真实工况的实验台，对理论分析进行验证，为全断面硬岩掘进刀具系统与实际工况结合的研究提供重要的理论依据和实验数据支撑。其中，实验验证是本书研究的重点内容之一，下节将重点对全断面掘进机实验台的研究趋势进行分析。

1.3　用于掘进机刀具系统的实验台研究趋势

　　刀具系统是全断面掘进机的核心部件。全断面掘进机通过刀盘上的滚刀对掌子面进行开挖，受力情况十分复杂，容易造成刀具的非正常磨损，缩短刀具的使用寿命。但在施工现场进行实际测试，无法研究刀具前角、刀宽、贯入度等单一因素对刀具受力的影响。通过全断面掘进机刀具系统实验台进行实验检测是一种有效而简捷的方式。

1.3.1　国外掘进机刀具系统实验台研究趋势

　　美国密歇根理工大学和密苏里罗拉大学针对单把 17in[①] 滚刀建立了实验

---

① 　非法定单位，1in＝2.54cm，下同。

台[49]，在对科罗拉多的红花岗岩进行切削实验的基础上，对隧道掘进机的掘进性能做出了预测。韩国的首尔国立大学和韩国建筑技术学院也做过类似的研究[50]。英国道路与运输研究实验室对全断面掘进机盘形滚刀做了线性切割实验[51]，研究脆性材料特性与盘形滚刀有效切割的关系。美国科罗拉多矿业学院设计建立了滚刀线性旋转切割实验台[52]，对直径为 1.75～12in 的各类盘形滚刀在大间距下做了线性和回转切割实验，研究切削力与刀具的工作参数、结构参数及岩石特性的关系，并建立了刀具切削力的预测模型，如图 1.6 所示。通过实验，Yin 等对不同刃角的刀具进行了观察[53]，发现刀刃越尖，侧向荷载越高；刀具刚度不足易导致刀具晃动，不能提供足够的侧向抗力。文献［54］通过大量的实验研究了切割力、比能、刀间距及切削深度之间的关系，分析了刀具破岩的效果。

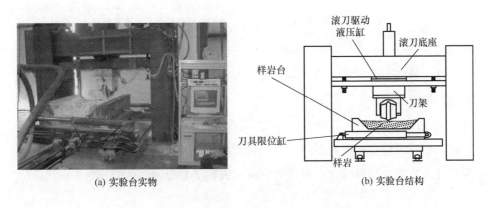

(a) 实验台实物　　　　　　　　　　　　　　(b) 实验台结构

图 1.6　美国科罗拉多矿业学院滚刀旋转切割实验台

1.3.2　国内掘进机刀具系统实验台研究趋势

随着全断面掘进机在我国大型工程建设中的广泛使用，国内许多专家学者展开了刀具破岩的理论和实验研究，有效地推动了掘进机国产化的进程。20世纪 70 年代末东北工学院借助岩石破碎实验台对盘形楔刃滚刀进行了实验研究，优化和改进了刀具的设计，并建立了盘形滚刀受力的预测模型[55]。中南大学地下隧道研究中心的研究团队认为盘形滚刀与岩石的相互作用可视为刀刃与岩面两圆柱体的相互挤压[56]，其结果为线接触，垂直力和挤压应力之间的关系可通过 Herz 公式推导得出。华北水电学院北京研究生部根据实验室内观测的滚刀直槽、圆槽切割实验及压痕实验[57]，提出盘形滚刀破岩是挤压、裂纹张拉及剪切的综合作用，由压痕实验发现滚刀的垂直推力与侵入深度有关。上海隧道股份有限公司在盾构模拟实验台上进行了泥水平衡盾构刀具直接切削、破碎不同强度土体内木桩的实验，研究了施工过程中刀具的选型和配置[58]。

　　为探讨全断面掘进机盘形滚刀的破岩机理和滚刀的耐磨性，国内学者还做了盘形滚刀压痕实验、线性切槽实验和滚压岩石的圆槽实验，见表 1.3[59]。

表 1.3　　几项实验研究概况

实验名称	实验目的	实验结果
压痕实验	探讨盘形滚刀的推压力与刀具参数、岩石性能参数与刀间距的关系	建立了压痕公式
线性切槽实验	探讨盘形滚刀的推压力、滚动力与刀具参数，岩石性能参数与刀间距的关系	建立了半经验公式
圆槽实验	探讨盘形滚刀的推压力、滚动力、侧向力与刀具参数，岩石性能参数与刀间距的关系	

　　通过对现有掘进机实验台的分析，发现：已有实验台刀具调整困难，不能实现两把滚刀同时工作，难以完成刀间距实验，且滚压速度过低，与实际工况有一定差距。本书第 3 章设计了一种全新的双滚刀硬岩掘进综合刀具系统实验平台，并在后续章节中对不同属性的岩石样本进行了大量的切割实验，分析了滚刀受力及破岩效果等，为掘进机的研究提供了重要的参考数据。

1.4　本书主要研究内容和关键技术

1.4.1　主要研究内容

　　本书主要对国内外硬岩掘进机的发展、研究现状进行调研和分析，对国内外全断面掘进机刀具相关技术开展有针对性的研究工作；在国内外掘进机刀具系统实验设备落后、实验手段单一的情况下研制了一台高技术掘进综合实验台，为开展刀具相关研究提供条件。另外，本书对全断面掘进机刀具系统进行了理论研究，分析了滚刀破岩机理，建立了滚刀破岩的力学模型，并对单滚刀及双滚刀的破岩过程进行有限元分析；基于双滚刀破岩理论建立刀盘破岩力学模型，分析掘进机刀盘破岩过程及其对刀盘受力的影响；通过研制的集成化硬岩掘进综合实验台对上述理论研究成果进行了验证。

本书以实际工程为背景，以全断面硬岩掘进机刀具系统为主要研究对象，以高性能掘进综合实验平台建设为目标，采用理论分析、实验研究、工程验证等方法，具体完成了以下研究内容：

1）研究开发集成化双滚刀硬岩掘进综合实验平台。该实验平台具有多种功能，集理论分析、工程实验、仿真分析于一体，可提供刀具系统、控制系统、参数测试分析等方面的仿真研究和工程实践验证。该实验平台主要包括工作台系统、滚刀架系统、工作台驱动液压系统、刀架液压驱动系统、计算机控制系统、掘进特性参数测量系统等。其实验功能主要包括刀具实验分析模块、控制策略分析模块、仿真实验分析模块、参数性能检测模块，可实现硬岩掘进机性能分析、工程实验，具有实验数据准确、可靠性高、操作方便等特点。现场实验表明了其实验系统的有效性。

2）建立滚刀和刀具系统掘进的力学模型。仿真分析滚刀破岩进刀过程中滚刀和岩石的受力和变形、滚刀掘进时的模态和滚刀对岩石特性的适应性；分析刀盘的受力、变形和振动特性，以及滚刀在刀盘上的布置；运用研制的实验台测试、分析滚刀和刀盘在掘进中的受力、滚刀磨损和刀间距对掘进的影响，并进行刀盘地质适应性分析。

3）通过实验及理论分析，提出关于岩石临界深度和最优刀间距的新的理念，为系统设计、掘进施工提供理论和技术支撑。基于以上理论研究，找出影响刀盘振动的主要因素，提出优化滚刀布置的方法。另外，通过以上研究得出滚刀掘进过程中临界深度与岩石破碎的相互影响关系，找出决定滚刀破岩刀间距的主要因素，分析最优刀间距与破岩效率的对应关系。

1.4.2 关键技术

1）对双滚刀硬岩掘进综合实验平台整机及关键部件进行结构设计，使其可同时进行两把滚刀顺次切割滚压实验，可模拟不同贯入度刀盘切割岩石的过程，可模拟刀盘不同转速时的破岩过程，可进行刀具、岩石材料的耐磨实验，可进行不同尺寸滚刀的实验，可进行不同刀间距和相位角的破岩实验等。同时，通过结构设计使其刚度、强度等力学性能指标达到要求，满足实验机安全实验的条件。

2）对实验台的控制系统进行设计与分析。主要对实验台的工作台和刀具两大液压驱动系统进行设计与仿真分析，同时基于所设计的液压系统建立刀具实验分析模块、控制策略分析模块、仿真实验分析模块、参数性能检测模块、故障报警模块等，使实验台具有可靠性高、操作简单方便等特点。

3）阐述岩石节理特征和滚刀速度对滚刀破岩的影响。通过建立盘形滚刀破岩模型，分别模拟滚刀对不同节理倾角和节理间距岩石的破岩过程，分析节理倾角和节理间距对岩石破碎效果的影响。通过建立滚刀破岩速度模型，仿真分析滚刀的旋转速度和贯入速度对节理岩石破碎的影响。

4）通过实验及理论分析，对岩石临界深度和最优刀间距进行深入研究，找出决定滚刀破岩刀间距的主要因素，分析最优刀间距与破岩效率的对应关系。基于以上研究，提出滚刀在刀盘上的优化布置方法，分析刀盘的受力、变形和振动特性，并进行刀盘地质适应性分析。

第 2 章　全断面硬岩掘进机构造原理及刀具系统

全断面硬岩掘进机主要有四种，即支撑式全断面硬岩掘进机、护盾式全断面硬岩掘进机、扩孔式全断面硬岩掘进机和摇臂式全断面硬岩掘进机。全断面硬岩掘进机主要采用刀盘旋转掘进隧道，除了主机（掘进机系统）外，还有完整的后配套系统，两者要密切配合运行，再加上科学的施工技术和管理完成掘进施工，整个过程是一项很严密的系统工程。本章主要介绍硬岩掘进机的特点及工作原理，并对掘进机的主要设备——刀具系统及其失效形式进行阐述与分析。

2.1　全断面硬岩掘进机的构造与工作原理

2.1.1　全断面硬岩掘进机的分类及特点

1. 支撑式全断面硬岩掘进机

支撑式全断面硬岩掘进机如图 2.1 所示，它通过自身的支撑框架撑紧施工隧洞的洞壁，把撑紧力作为向前掘进的反扭矩和反作用力。这种类型的硬岩掘进机工作范围仅限于洞壁岩石特性较好的隧洞。

2. 护盾式全断面硬岩掘进机

护盾式全断面硬岩掘进机如图 2.2 所示，它是在整个机器的外围安装一个圆筒形保护结构，其尺寸与机器外径一致，这样在掘进过程中遇到复杂或破碎的岩层时能够继续工作[60]。

3. 扩孔式全断面硬岩掘进机

扩孔式全断面硬岩掘进机是利用先导机对待破岩洞进行导洞，之后利用刀

图 2.1　支撑式全断面硬岩掘进机

图 2.2　护盾式全断面硬岩掘进机

盘进行挖掘。其结构如图 2.3 所示[61]。该类型掘进机在大直径隧道施工过程中，由于边刀速度范围有限，掘进速度将会受到限制。

4. 摇臂式全断面硬岩掘进机

摇臂式掘进机施工过程中，刀具在摇臂的驱动作用下切割岩石，直至其破碎。摇臂的动作通过液压系统驱动，刀具在该驱动作用下实现摆动、转动及内外交互式运动，通过几种运动的合成实现螺旋状破岩轨迹。设备在掘进过程中通过推进液压系统实现掘进破岩和支撑板的支护作用。其结构如图 2.4 所示[62]。

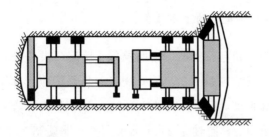

图 2.3　扩孔式全断面硬岩掘进机的结构

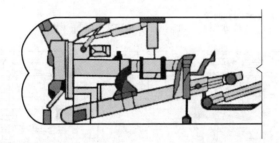

图 2.4　摇臂式全断面硬岩掘进机的结构

2.1.2　全断面硬岩掘进机的工作原理及主要设备

1. 全断面硬岩掘进机的工作原理

全断面硬岩掘进机在掘进时，主机通过支撑系统将自身锁定在隧道的洞壁上，通过支撑系统提供支撑刀盘的扭矩和破岩的反力。油缸把推力提供给刀盘，分布在刀盘上的滚刀在推进力的作用下压紧待开挖掌子面的岩石，滚刀随刀盘绕其轴线公转的同时绕自身刀轴自转。当滚刀产生的破岩力超过岩石本身的抗压强度时，滚刀压入岩石，刀盘持续旋转，滚刀连续滚压形成的沟槽使刀盘作用位置加深，岩石上的裂纹向周围延伸。当刀盘旋转产生的破岩应力超过岩石的抗拉强度和剪切强度时，相邻沟槽间的岩石剥落。分布在刀盘边缘上的铲斗将崩落的岩渣收集起来，使其通过与铲斗相连的溜槽落到主机内的皮带输送机上，再转载到后配套皮带输送机上，最后运送至隧道外。

2. 全断面硬岩掘进机的主要设备

全断面硬岩掘进机包括主机、辅助设备、后配套设备等。以护盾式全断面硬岩掘进机为例,其结构如图 2.5 所示[63]。刀具系统应具有较强的耐磨性,可适应硬岩掘进中高强度、高冲击的施工环境。刀具系统的选型及配置应依据施工地段的实际环境而定,同时应满足开挖直径小于掘进机最小标定直径的要求。刀盘系统上的刀具主要包括中心刀、正滚刀、边滚刀,如图 2.6 所示[64,65]。

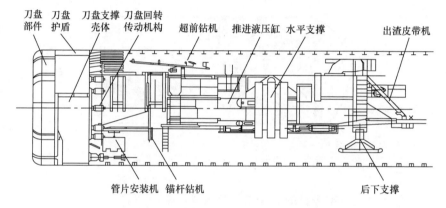

图 2.5　全断面硬岩掘进机结构示意图

图 2.6　刀盘结构示意图

2.2　全断面硬岩掘进机滚刀系统

滚刀是全断面硬岩掘进机刀具系统的核心部件。滚刀的合理选择、使用、维护和更换直接决定着隧道工程的质量、进度和成本。在硬岩地层中，滚刀费用更是占了开挖费用很高的比例。滚刀在破岩过程中不但承受着很大的径向荷载，而且直接参与破岩的刀圈刃部因经常受到岩石中磨砺性硬矿物的剧烈摩擦而急剧磨损，导致滚刀损坏，因此必须经常更换。滚刀的更换不但增加了刀具系统的消耗量和设备的维修工作量，而且缩短了硬岩掘进机的有效工作时间，导致开挖成本提高。近年来，虽然盘形滚刀在技术上有了重大突破，对全断面硬岩掘进机的推广应用起到了促进作用，但统计资料表明，硬岩掘进机在硬岩地层施工的过程中，刀具费用仍然可达机组施工成本的三分之一左右。在坚硬岩层中施工时，滚刀的费用更为惊人。为了研究滚刀的破岩机理，对滚刀的结构和磨损进行分析尤为必要。

2.2.1　盘形滚刀的基本结构

破岩滚刀由牙轮钻演变而来，其形状各异，大致可分为盘形、球齿及楔齿滚刀等。盘形滚刀破岩成块状，破岩效率高，掘进速度快，消耗的动力较少，所以掘进机均采用盘形滚刀。盘形滚刀主要由刀体、刀圈、刀圈挡圈、密封圈、轴承、芯轴和端盖等零部件组成。其结构如图 2.7 所示[66]。

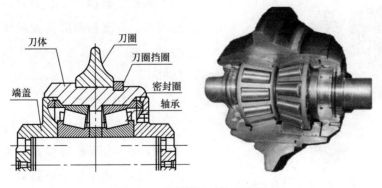

图 2.7　盘形滚刀结构示意图

　　刀圈和刀圈挡圈安装在刀体外，刀圈和刀体之间采用过盈配合，过盈量可达 0.36mm。一般将刀圈加热到 200℃左右后将其安装在刀体上。刀圈挡圈由两个半圆形的弹性钢环安装在滚刀轴的卡槽里，焊接成一个完整的圆环，使刀圈相对于刀体轴向固定[67]。

　　刀圈是全断面硬岩掘进机上最易损坏的部件。刀圈在刀盘巨大的推力和岩石的剧烈冲击振动下工作，在磨砺性很强的岩石上滚动破岩，因此刀圈必须有很好的耐磨性、韧性及较高的强度和硬度。

　　轴承一般采用加重型成对使用的圆锥滚子轴承，在两轴承间放置隔离环，对轴承轴向起到预紧的作用，以达到提高轴承刚度、承载能力和使用寿命的目的。

　　端盖安装在刀体两侧，是滚刀运转的支承件和滚刀安装在刀盘上的连接件，其工作环境也十分恶劣。

2.2.2　盘形滚刀的失效形式

　　盘形滚刀的失效可以分为正常磨损和非正常磨损两类。

　　磨损是指刀圈的磨损量超过了规定值，并且刃口的磨损为均匀磨损，一般是指刀圈刃口宽度超过了 20mm，如图 2.8 所示[68]。

　　正常磨损是刀具失效的主要形式，在地质条件比较单一、均匀的地层中常发生此类磨损。刀圈各个部位磨损较为均匀，消耗量基本一致。由于正常磨损而更换的盘形滚刀除刀圈不能使用外，其他部分均可正常使用。

图 2.8　刀圈均匀磨损

　　非正常磨损主要有刀圈偏磨、断裂崩刃、刀圈挡圈磨损或脱落、滚刀漏油、滚刀的多边形磨损等，具体如下。

　　(1) 刀圈偏磨

　　当盘形滚刀在较软的地层或泥土中工作时，盘形滚刀多发生偏磨。盘形滚刀的工作条件十分恶劣，滚刀不仅要随着刀盘公转，而且要绕自身刀轴自转。由于使盘形滚刀转动的扭矩较高和泥土的堵塞，滚刀轴承不能转动，滚刀在掌子面（隧道施工中滚刀作用于岩石上的工作面）上也不发生滚动，从而刀圈某一区域受力磨损，如图 2.9 所示。如果没有及时发现滚刀偏磨，就会发生连带磨损，使其不能正常工作，进而使周围滚刀承受的荷载增大，加速了整个刀盘上滚刀的磨损。在黏土等一些较软的土层中，如果没有控制好掘进参数，在土质没有得到改良的情况下，盘形滚刀被泥土包裹而不能转动，也会产生偏磨。

（2）刀圈断裂

在掘进过程中，由于岩石种类和岩块大小突然变化，或者刀盘上其他零部件脱落，卡在滚刀和岩石之间，会出现刀圈局部过载，产生集中力，导致滚刀刀圈径向开裂，刀圈断裂，如图 2.10 所示。造成刀圈断裂的主要原因有：①刀圈材质与所开挖的地质适应性较差，刀圈自身硬度会随着岩石强度的增高而增大，但其抗冲击性能反而会下降，当发生振动时刀圈易断裂；②在掘进过程中刀圈受热，温度升高，体积膨胀量大于刀体，使刀圈和刀体的配合减弱，刀圈相对刀体发生转动或者轴向的移动；③整个滚刀的装配质量较差，如刀圈与刀壳配合间隙较大，刀具在破岩工作时内外温差较大，使刀圈产生内应力；④刀具的冷却效果较差也会造成刀圈断裂，尤其是在黏土地层、岩石断裂带等地质情况下，刀具被淤泥堵塞或发生振动而造成刀圈断裂；⑤刀圈制造工艺不合理或者质量较差，使刀圈内部产生缺陷，进而造成刀圈断裂。

图 2.9　刀圈偏磨　　　　　　　　图 2.10　刀圈断裂

（3）轴承损坏

轴承在滚刀的破岩过程中起着重要作用，它的损坏会引起刀圈产生弦磨，严重时还会使刀体磨损，使滚刀整体失效。轴承损坏的原因有两个：一是密封系统失效，二是滚刀所受荷载过大。密封系统失效使润滑油外泄，渣土和水泥浆进入轴承，使其无法正常工作。密封系统的质量与其承受的压力和耐高温性能相关，一般来说盘形滚刀的密封系统能承受的最高温度不应超过80℃。

（4）挡圈脱落

挡圈是由两个半圆环组成的，半圆环先卡入刀体槽内，再通过焊接变为整环，在滚刀的轴向挡着刀圈，起到轴向约束作用。挡圈可防止刀圈沿滚刀轴线方向发生平移或从滚刀轴上脱落。一旦发生断裂、脱落或者严重磨损，挡圈将失去固定滚刀刀圈的功能，造成刀圈在刀体轴线方向左右滑动，甚至直接脱落，加速刀圈和轴承的失效。若挡圈焊接不牢，或者刀体中滚刀圈安装不够牢固，将致使滚刀在切割岩石过程中受到岩石的冲击而松动，使刀圈出现摆动，造成挡圈的破坏。挡圈的焊接口是一个薄弱环节，在掘进时由于岩渣的磨损和大块岩石的冲击，挡圈容易在焊口处断裂或脱落，引起刀圈位移，如图2.11所示。在焊接口上采用钢筋对挡圈进行搭焊，可提高挡圈的承载能力，减少挡圈断裂和脱落现象。

图 2.11　挡圈脱落

（5）螺栓的松动或断裂

滚刀由螺栓固定在刀盘上，若其中一根螺栓略有松动，就会破坏滚刀的稳定性，在工作时易产生振动，造成其他螺栓松动进而断裂。出现以上情况的主要原因是：在安装过程中，由垫块支撑刀具上的两个托架，刀架的外圆锥面必须与刀盘的楔形垫块内圆锥面接触定位，若接触不良，在两个面之间就会存在间隙，导致刀具安装不稳定，在外力的作用下螺栓就易松动和断裂。此外，螺栓断裂、螺纹损伤严重及操作原因没有使所有螺栓达到规定的预紧扭矩也会导致螺栓松动或断裂。

（6）漏油

漏油是常见的非正常损坏形式之一。漏油的主要原因是在掘进过程中地质条件发生急剧变化，造成部分滚刀过载，轴承破坏，渣土等杂质进入密封润滑面，使密封损坏。正滚刀的漏油现象大多是由其密封系统损坏引起的，边滚刀的漏油多是由轴承破坏引起的。当滚刀发生漏油时，一般常伴有特殊的气味，这种形式的失效较容易被发觉。此外，滚刀各零部件的制造质量、滚刀的装配质量、滚刀的使用工况和地质状况等都会对滚刀漏油产生影响。

（7）刀圈弦磨和多边形磨损

滚刀轴承损坏会导致刀圈弦磨。刀圈弦磨是指刀体卡死，滚刀轴承及刀圈不发生转动，滚刀破岩时刀圈与岩石直接发生接触摩擦，造成刀圈外表面某一处发生严重磨损的现象，如图 2.12 所示。发生弦磨的主要原因是轴承的损坏。刀圈弦磨还会引起刀体的磨损，对滚刀的其他部件造成损坏。刀具密封失效导致润滑油泄漏，水、渣土或水泥会渗入轴承，使其磨损加剧。据统计，70% 的刀具损坏是由刀具密封失效造成的。

图 2.12　刀圈弦磨

滚刀在破岩时是间歇式转动，会产生多边形磨损，如图 2.13 所示。如果有金属或其他坚硬物对刀圈的表面造成损坏，在该处就会形成表面缺陷。此外，若刀盘推力过大或者刀圈在强度较高的岩石上滚动，也可能出现此类现象。边缘滚刀和正面区的滚刀易产生多边形磨损。

图 2.13　多边形磨损

在掘进中，滚刀会受到各种因素的影响，这些因素是导致滚刀失效的主要原因。表 2.1 所示为我国某隧道掘进施工中掘进机换刀原因统计分析。由表 2.1 可以看出：造成掘进机正滚刀失效的主要原因包括磨损、调整、漏油、偏磨、刀圈断裂崩刃、刀圈移位、紧固螺栓断裂及其他因素；造成边滚刀和中心滚刀磨损的主要原因包括磨损、调整、漏油、偏磨等。数据表明，磨损失效占全部失效的比例最大，磨损在正滚刀的失效中占 82.7%，在边滚刀的失效中 60.1%，在中心滚刀的失效中占 62.9%。磨损失效是滚刀失效的主要形式，也是刀具系统失效的主要形式，而磨损失效主要是在正常工作时滚刀受力、变形导致的。

表 2.1　我国某隧道全断面掘进机施工换刀原因分类统计（把）

种类	换刀数量	换刀原因							
		磨损	调整	漏油	偏磨	刀圈断裂崩刃	刀圈移位	螺栓断裂	其他
正滚刀	1949	1612	176	43	53	27	18	7	43
边滚刀	229	139	8	48	24	9		1	
中心滚刀	89	56	7		5	20			1
合计	2267	1807	191	96	97	36	18	8	44

影响滚刀磨损的因素有很多，除了滚刀自身结构外还有地质状况、刀盘刀具的组合、刀间距、施工技术、工程设计等。

（1）滚刀结构因素

滚刀的材料、制造工艺与盘形滚刀的磨损有着密切关系。滚刀各个组成部件的质量会对滚刀的磨损情况产生很大影响[69]。滚刀装配扭矩、直径、最大压力等设计参数和装配工艺都与盘形滚刀的磨损密切相关。

（2）地质因素

盘形滚刀失效与硬岩掘进机工作的地质情况有关，如岩层的强度、研磨性、岩石本身的节理、裂隙程度、岩体的类型、地质状况的均匀程度等。一般来说，岩石的节理和裂隙越大，滚刀越容易将其破碎，刀具的磨损程度也会越小；反之，岩层均匀程度越差，其性质变化异常，滚刀越容易产生不均匀磨损的现象[70]。

（3）刀盘因素

硬岩掘进机刀盘上安装有几十把盘形滚刀，刀盘自身的强度、刚度、开口率等参数都关系到滚刀的磨损情况。滚刀在刀盘上的布置方式、相邻两把滚刀的间距也是影响滚刀磨损情况的重要因素。滚刀在刀盘上的安装位置不同，其工作时的线速度也不同，在掘进长度一定时，不同位置的滚刀走过的距离不同，滚刀磨损的程度也会不尽相同。

（4）施工控制因素

施工控制因素主要有施工隧道埋深、岩石自稳性、切削环境、工程设计等。尤其在遇到复合岩层的切削环境时，滚刀的磨损情况会更多。在施工过程中，前方岩层的稳定情况、能否出现岩爆、掌子面内岩层水分含量、掘进机刀具系统自身温度和所注入泥浆及冷却剂的参数与性能等都关系到滚刀的磨损情况[71]。

为后续章节更好地研究滚刀对岩石的适应性，这里对地质因素进行详细分析。滚刀磨损的速度与岩石的强度、研磨性成正比。岩石的裂纹易向四周扩展，裂纹扩展度较大的岩石更易发生破碎，滚刀切割这类岩石时产生的磨损也相对较小。掘进机在地质不均匀的隧道施工时，由于岩石特性变化较大，滚刀切割受力不均，产生的大振动、高强度对滚刀的非正常磨损影响很大，在某些情况下甚至还会造成刀盘损坏。矿物种类对滚刀的磨损也有很大影响。岩石在发生破碎时，多数情况下矿物质颗粒本身并不破碎，这些矿物质颗粒会附着在刀具上，使其产生磨损。矿物质颗粒的强度越高，对刀具的磨损作用也越大。造岩矿物与岩石研磨性的关系见表 2.2[72]。一般而言，滚刀的研磨性与岩石中石英的含量成正比。

表 2.2　造岩矿物与研磨性的关系

岩石种类	石英含量（%）	单位时间磨损量（×10^{-7} m³/s）
砂质灰岩	19.9	0.5
铁石英岩	11.7	1.5
长石砂岩	10.1～11.0	5.1
花岗岩	6.9	6.1
石英砂质岩	5.5	10.2

2.3　全断面硬岩掘进机刀盘系统

全断面硬岩掘进机的刀盘位于掘进机最前方，与岩石直接作用，主要有三大功能：一是掘进机施工时，刀盘旋转，带动刀盘上的刀具对掌子面的地层进行开挖；二是支撑掌子面，使其稳定；三是对土仓内的渣土进行搅拌，使渣土达到一定的塑性[73]。

2.3.1　盘形滚刀在刀盘上的分布

1. 刀盘的剖分形式

盘体剖分形式是刀盘结构设计的一项重要内容。刀盘体的剖分形式主要考虑制造、运输和装配的工艺性要求。一般随着刀盘直径的增大，刀盘多采用分体结构，分块加工制造和运输，并在现场组对焊接。目前国内外刀盘主要的剖分形式如图 2.14 所示[74]。

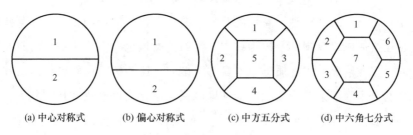

(a) 中心对称式　　(b) 偏心对称式　　(c) 中方五分式　　(d) 中六角七分式

图 2.14　刀盘剖分形式

2. 盘形滚刀的平面布置

目前，全断面硬岩掘进机生产厂家设计的刀盘针对不同的地质条件和设计理念，其样式也不尽相同，甚至可以说每个全断面硬岩掘进机盘形滚刀的布置形式都不同。盘形滚刀在刀盘上的平面布置主要有螺旋形、米字形或随机布置形式，如图 2.15 所示[75]。

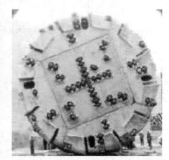

图 2.15　滚刀的布置形式

3. 盘形滚刀在刀盘不同区域内的工作特点

根据刀盘上各区域的工作特性，可将刀盘划分为中心区、正面区和边缘区三个区域。在布置刀具时，一定要充分考虑各个区域内刀具的工作特点[76]。

中心区是刀盘的中心部分。在该区域内的滚刀受力较大，而且空间小、转弯半径小，运动形式以滑动为主。在尺寸较小的刀盘上常安装单支点中心刀，而尺寸较大的刀盘通常安装相同规格的盘形滚刀。中心刀与正滚刀的主要区别是，中心滚刀通常是成组安装，有两个一组、三个一组和六个一组不等。

正面区处于中心区和边缘区之间。在该区域内的滚刀工作时刀刃垂直于待开挖的岩石表面，随刀盘转动时有一定的转弯半径，运动形式主要是滚动。纯滚动的运动形式无论是对滚刀轴承的寿命还是对刀圈的寿命都有所保障，因此该区域内的滚刀寿命较长。

边缘区位于刀盘的边沿。该区域内的滚刀不但承担较大的破岩量，而且滚刀的受力状况比其他两个区域复杂。为达到开挖直径的设计要求，需要布置更多的刀具。为了延长刀具的使用寿命，还需对该区域内滚刀的刀圈形状和刀刃进行特殊处理。

2.3.2　全断面硬岩掘进机刀盘的失效形式

1. 刀盘失效判断

正常工作时，刀盘推进速度和所受扭矩在一定范围内保持稳定，不会出现较大的波动，也不应出现较强的振动或者传出异常的响声。在排除滚刀严重损坏或地层坍塌的情况下，如果刀盘扭矩突然出现大幅剧烈变化，同时推进速度明显下降，并伴有来自刀盘方向的周期性振动和响声，此时需检查刀盘是否出现失效情况。

2. 刀盘的失效形式

在黏土地层中掘进时，形成泥饼和泡沫口堵塞是刀盘失效的主要原因[77]。在硬岩地层中掘进时，刀盘局部开裂和整体断裂是刀盘常见的失效形式。此外，刀具的过度磨损也是刀盘失效的原因之一[78]。

在实际工程中刀盘的强度破坏主要有刀盘整体开裂、连接法兰与刀盘支腿的焊接处开裂、刀盘外沿等处开裂。

硬岩掘进机刀盘与其驱动装置是通过法兰连接的，在对岩石进行破碎时起传递推进力和扭矩的作用。由于连接法兰与刀盘支腿之间采用焊接的连接方式，在焊缝处会产生残余内应力，当掘进机破岩时会产生巨大的推力和扭矩，在焊缝处又会引起应力集中现象，因此该处焊缝极易开裂。尺寸较大的刀盘在运往施工现场时需要拆分，到了现场再对刀盘进行重新组装，刀盘各部分通过焊接或螺栓连接起来。这不但会破坏整个刀盘的结构，而且重新组装后刀盘的结构、刚度和平整度都会受到不同程度的影响。刀盘的局部开裂除了出现在焊接和螺栓连接的部位以外，在刀盘形状发生突变的位置也会出现，这是刀盘在承载时此处形状的突变引起应力集中造成的。

滚刀磨损也会导致刀盘失效。刀盘系统在正常工作时，分布在刀盘上的滚刀对刀座和刀盘面板都有保护作用，避免了它们与前方岩体直接接触而产生磨损。当滚刀磨损严重而无法起到屏障作用时，刀座和刀盘面板就会与岩体直接接触，由于它们的材质远不及滚刀的材质，耐磨性较差，当刀盘转动几圈时就会造成严重的磨损或损坏。

2.4　小　　结

　　本章首先对支撑式全断面硬岩掘进机、护盾式全断面硬岩掘进机的工作原理及适用的地质类型进行了介绍，分析了不同类型掘进机的选型依据。其次，阐述了硬岩掘进机设备组成及其功能，重点阐述了硬岩掘进机关键部件——刀盘刀具系统；介绍了滚刀的组成结构、破岩机理及其主要的失效形式，提出了预防滚刀失效的措施。刀盘的结构对掘进机的破岩效率会产生重要影响。滚刀是刀盘中的重要部件，其布置方式极为关键，有效、合理地布置滚刀在刀盘上的位置可有效减少滚刀磨损量，降低掘进成本。

　　本章为后续的理论分析及对掘进机刀具系统进行理论分析和实验研究提供了基础。

第3章 集成化双滚刀硬岩掘进综合实验台

3.1 双滚刀实验台的功能需求

3.1.1 实验台研制的必要性

研制模拟实验机是掌握全断面掘进机尤其是刀具系统关键技术的有效手段。这是因为：首先，在现阶段，现场试验会付出很大的经济代价和承担安全风险，并且无法通过实际施工进行关键技术的研究；其次，现有的数学和力学模型无法准确描述工程地质条件的多样性。面对灵活的施工方式和复杂的技术参数，反复开展试验验证是研究全断面掘进机刀具系统关键部件优化的有效途径和重要手段。

国内外很多高校和科研院所都认识到了通过试验手段验证掘进机刀具系统的重要性，由此，掘进机刀具系统实验台的研发成为掘进机技术主要发展方向之一。在实验室研究中，主要的实验方法包括三类[79]：第一类主要研究分析掘进机掘进过程中引发的地层移动场持续改变的实验模拟平台；第二类研究分析掘进过程施工情况的实验模拟平台；第三类是部件的测试设备研究，用于实时测试掘进性能。目前，只有美国科罗拉多大学、我国的中南大学和韩国首尔大学研制了应用于掘进机滚刀的实验装置，主要用来简单测试单滚刀的受力[80]。

归纳已有的全断面硬岩掘进机实验台，会发现如下问题：①实验用刀具调整困难，且抗干扰能力差，部件易损坏；②不能实现两把滚刀同时工作，难以完成滚刀间距实验；③滚压速度过低，与实际工况有一定差距。据调查，现有的掘进机刀具系统实验台只能对单滚刀破岩过程中滚刀的受力及磨损机理进行初步研究，所检测和改变的实验参数也比较单一。刀间距、滚压速度及贯入度等重要的施工参数对刀具破岩影响的研究无从下手，无法通过现有的实验设备真实模拟滚刀破岩状态和受力特征。研制新的滚刀综合实验台，对模拟掘进机滚刀破岩真实过程和开展刀具系统的实验研究十分必要。

3.1.2　实验台系统功能需求

全断面掘进机刀具系统主要由刀盘和滚刀组成。破岩过程中，刀盘的转速和推进速度、滚刀在刀盘上的布置方式、滚刀之间的距离、滚刀的耐磨性能、滚刀对岩石的适应性等因素都会影响全断面硬岩掘进机的破岩效率和刀具系统的寿命。并且，在全断面硬岩掘进机刀具系统实际破岩过程中，以上因素之间还相互制约和影响，彼此之间存在一定的耦合关系。因此，为了更好地利用实验手段研究刀具系统的关键技术，需研制一台能够满足上述多种实验要求，且集理论分析、工程实验、仿真分析于一体的集成化掘进机综合实验台，即集成化双滚刀硬岩掘进综合实验台（以下简称双滚刀实验台）。

双滚刀实验台的实验功能目标为：第一，可同时进行两把滚刀对岩石的顺次切割滚压实验；第二，可模拟刀盘不同贯入度切割岩石的过程；第三，可模拟刀盘不同转速破岩的过程；第四，可进行刀具、岩石材料的耐磨实验；第五，可进行不同尺寸滚刀的实验；第六，可进行不同刀间距和相位角的破岩实验。基于以上实验台要实现的功能，其应具有的结构及控制功能模块主要包括：为实现双滚刀顺次切割及不同刀间距破岩特性的研究，实验台应具有刀架调整功能，可按实验要求调整两把滚刀之间的距离与顺次切割的位置关系；为实现模拟刀盘不同贯入度切割破岩的过程，实验台应具有准确控制及检测滚刀位移的功能，可准确获得滚刀深入岩石表面以下的深度与距离；为实现模拟刀盘不同转速破岩，即可实现滚刀不同滚压线速度破岩过程，要求实验台具有能够控制滚刀滚压速度的功能；为实现不同批次滚刀实验，要求实验台刀架可与一定尺寸范围内不同型号的滚刀相互配装；为实现刀具、岩石材料耐磨实验，要求实验台滚刀可实现对岩石的往返切割与精确切割控制。后文关于实验台结构与控制系统的设计均以完成上述功能模块为主要目的。

此外，综合实验台是集理论分析、工程实验、仿真分析于一体的实验系统，包括数据检测系统、刀具实验系统、工程实验系统、智能控制系统、仿真实验系统。数据检测系统的主要功能是检测刀具系统的压力、速度，以及数据处理、数据滤波等，能够精准检测刀具实验系统和工程实验系统数据，并向智能控制系统提供数据反馈。刀具实验系统的主要功能是进行刀具失效分析、刀具液压系统的建模、刀具对岩石的适应性分析、刀盘模态分析等，其获得的实验数据可为工程实验系统提供数据基础，同时可对仿真实验系统数据进行验证。工程实验系统的主要功能是进行工程岩石破碎过程分析、刀具对地质的适应性分析等。工程实验系统基于刀具实验系统与仿真实验系统的数据，能最真实地模拟掘进机实际施工过程，为实际施工参数的设定提供技术支持。智能控制系统可进行各种控制策略研究，包括 PID 控制、模糊控制、模糊神经网络预测控制等。智能控制系统为综合实验台提供整体控制，同时为各个模块之间的相互协作提供精确控制。仿真实验系统的主要功能是开发系统仿真软件，可以进行刀具的建模与仿真、压力与速度的仿真分析、不同控制策略的仿真分析、刀具受力的仿真分析等，也可依据刀具实验系统与工程实验系统的相关数据进行二次仿真与优化分析。双滚刀实验平台各系统的功能如图 3.1 所示。下面两节将对集成化双滚刀硬岩掘进综合实验台的结构设计和控制系统进行详细介绍。

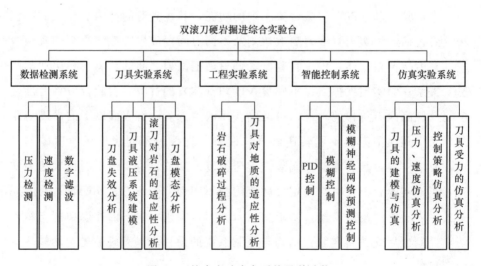

图 3.1　综合实验台各系统及其功能

3.2　双滚刀实验台结构设计与分析

为实现上述实验功能，首先要对实验台结构进行研究和分析。其结构组成主要包括底座、试件工作台、滚刀、工作台顶盖、立柱、工作台液压系统、刀具液压系统，共七部分，各部分功能如下。

试件工作台承载试件台与样岩，在液压缸作用下以调定的速度移动，实现滚刀对岩石的被动切割。其不同的移动速度可模拟不同滚压速度破岩的过程。

试件台直接承载待切割样岩。工件与样岩的结合面为 V 形面，保证实验过程中样岩的稳定性。另外，通过丝杠传动可实现其在工作台上的位置调整，对滚刀切割样岩位置起到辅助调节作用。

刀具系统包括刀盘底座和刀座系统。刀盘底座起固定刀具系统的作用，提供稳定的滚刀破岩环境。刀座分别为两把滚刀刀座，通过调节刀座在刀盘底座上的位置可实现不同刀间距的变化。另外，还可以更换刀座上滚刀的型号与尺寸，进行不同型号、尺寸滚刀的破岩实验。

支撑框架及顶梁起到固定与支撑实验台、缓解实验过程中各部件产生的振动与冲击、提供稳定实验环境的作用。

设计的实验台整体结构如图 3.2 所示，并设定 X、Y、Z 三个矢量方向，其中 X 向称为水平方向，Y 向称为横向，Z 向称为纵向。实验台包含两把滚刀，两把滚刀通过其刀座、紧锁装置实现调整，设定的调整范围分别为 $10 \sim 150\text{mm}$ 和 $0 \sim 500\text{mm}$，可实现实验台对岩石大范围调整和不同位置切割。其余各部分的设计及具体功能会在后面的章节进行详细介绍。

实验台整体的工作过程主要分为三个阶段。第一个阶段，将移动工作台移出设备框架至始发位置，将岩样固定在移动工作台上，此时岩样与滚刀在横向存在一定距离，通过丝杠推动工作台沿水平方向移动，使滚刀位于适当的切割位置，然后进行位置固定。第二个阶段，启动纵向液压缸，调整滚刀在垂直方向的位置，使滚刀刃在岩样表面以下数毫米处，即滚刀的切削深度达到设定值，调整两把滚刀的距离。第三个阶段，启动液压缸，拉动移动工作台，带动岩样运动，使滚刀从岩石外侧加速后切入岩石，直至完成切割，在另一端与岩

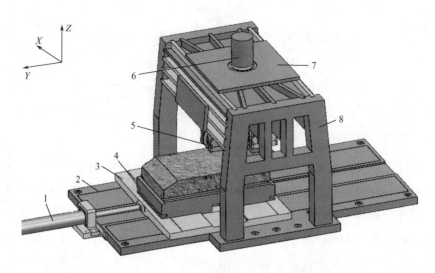

图 3.2　双滚刀实验台整体模型

1. 工作台液压系统；2. 底座；3. 工作台；4. 试件台；

5. 滚刀；6. 刀具液压系统；7. 顶梁；8. 立柱

石分离，实现滚刀对岩石的被动切割，并记录相关实验数据进行分析。

　　本章仿真均基于 ANSYS 有限元静力学仿真与分析。仿真过程中定义双滚刀实验台整机及关键部件（主要有工作台、试件台、刀具系统）的单元类型为 3D 实体单元模型，同时给体单元分配默认属性。为了准确求解，对体单元的几何特征进行补充。另外，按照灰铸铁 HT200 和 16Mn 钢的材料参数（表 3.1、表 3.2）在 Material Models Defined 中定义材料属性。

表 3.1　灰铸铁 HT200 物理性能参数

最小抗拉强度 （MPa）	弹性模量 （MPa）	剪切模量 （MPa）	泊松比	线膨胀系数 （1/℃）
200	$(1.13\sim1.57)\times10^5$	0.45×10^5	$0.23\sim0.27$	$(8.5\sim11.6)\times10^{-6}$

表 3.2　16Mn 钢物理性能参数

屈服强度		抗拉强度		弹性模量	伸长率
MPa	kg/mm²	MPa	kg/mm²	GPa	%
289	29.5	413	42.1	206	22

有限元静力学仿真生成具有边界条件的实体模型以后，按照自适应网格划分方式对实体进行网格划分，然后重新定义网格大小，再次分析计算，并对产生应力、应变的接触部位进行局部网格细化，提高仿真精度。加载过程中对实验台整机底面节点进行位移全约束设置，对关键部件非有限元分析区域进行节点自由接触位移约束设置。

3.2.1　工作台的设计

为满足刀具破岩实验过程中滚刀对岩石样本进行快速、稳定被动切割的要求，工作台的设计如图 3.3 所示。此工作台采用 16Mn 钢板切制，基本尺寸为2000mm×1720mm，厚度达到 150mm，钢板总重 4100kg，成品重 3070kg，加工余量 930kg。底部滑动导轨面为 590mm×1720mm，采用刮研处理，上表面刮研与工件台配合的导轨面，一端加工与横向液压杆配合的连接法兰，上表面有试件台的定位凹槽和电动机座、轴承座定位槽。

滑动导轨面底部、刮研导轨面与底座横向滑动导轨面采用聚四氟乙烯（PTFE）合成，并且在其表面各开 10mm×10mm 的 S 形润滑油沟，使滑动摩擦系数降低至 0.04，最大滑动摩擦力估算为 $F=45$kN。工作台的进给精度测量采用液压缸内置 BTL 微脉冲位移传感器，如图 3.4 所示，其位置检测精度可达 0.004mm，速度检测精度为 ± 0.01mm/s。

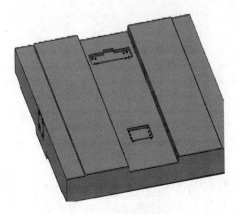

图 3.3　工作台的结构　　　　　图 3.4　BTL 微脉冲位移传感器

液压系统通过液压缸带动工作台对岩石样本进行被动切割实验，盘形滚刀与岩石接触时会对工作台产生很大的冲击荷载。由有限元分析可知，工作台最大应力为 8.249MPa，小于材料的许用应力，满足要求，如图 3.5 所示；工作台最大变形为 0.0281mm，小于设计要求的最大变形量，如图 3.6 所示。

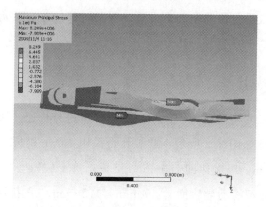

图 3.5　工作台应力分布

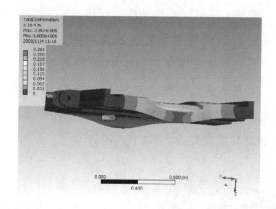

图 3.6　工作台应变分布

3.2.2　试件台的设计

1. 试件台结构及功能设计

试件台是直接承载被切割岩石样本的关键部件。实验过程中要求滚刀切割时试件台稳定住岩石样本，以免岩石样本发生移动或侧翻，影响实验效果。因此，设计的试件台应具有固定岩石样本、降低振动的作用。本书设计的试件台采用 HT200 铸造，结构如图 3.7、图 3.8 所示。为有效防止侧滑，工件结合面采用 V 形面，V 形锥度为 1∶7，高度为 120mm，两侧挡板高 100mm。底部导轨采用刮研处理，与工作台导轨配合。

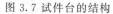

图 3.7　试件台的结构　　　　　　　图 3.8　试件台 CAD 模型

试件台水平移动采用北狄洛 BSHB31122 步进电动机驱动，输出扭矩为 20N·m，功率为 3kW。开环控制步距为 1.2°，传动丝杠为滑动丝杠，螺距 L_p=14mm，开环控制精度可达 0.05mm。丝杠具有自锁功能，一端采用固定结构，另一端采用游走结构。采用一对 51210 推力轴承与一对 7210AC 角接触球轴承面对面安装，轴承组可承受单向压力 112kN。工件台锁紧时，除丝杠自锁外，另在工件台两端加摩擦压板，通过 4 个 M36 双头螺柱与工作台相连，保证锁紧。工件台设计承受纵向最大正压力 100kN，横向冲击荷载 300kN，水平冲击荷载 100kN。

2. 传动丝杠强度设计及核算

拟定工作荷载 F=100kN，螺纹类型为梯形，初选螺杆大径 d=60mm，螺距 L_p=14mm，可以得出螺杆中径 d_2=53mm，小径 d_3=44mm。

当量摩擦角为

$$\rho=\arctan\left(\frac{f}{\cos\beta}\right) \tag{3.1}$$

式中，摩擦系数 f=0.11～0.17，牙形半角 β=15°，所以求得 $\tan\rho$=0.1139。$L_\mathrm{p}\leqslant\pi d\tan\rho$=3.14×60×0.1139=21.46mm，所以能够达到丝杠自锁的要求。

$H=K_\varphi d_2$=（1.2～2.5）×53=63.6～132.5mm，其中，K_φ 为拧入深度系数，因此初选 H=120mm，旋合圈数 $n=H/L_\mathrm{p}$=120/14=8.57＜10，螺距选取合适。

（1）耐磨性校核

由螺旋副压强公式

$$P = \frac{F}{\pi d_2 H n} = \frac{100\,000}{3.14 \times 53 \times 120 \times 8.57} = 0.58 (\text{MPa}) \tag{3.2}$$

可得 $P = 0.58\text{MPa} \leqslant [p] = 3.8 \sim 6.5\text{MPa}$，耐磨性符合要求。

（2）螺杆强度校核

由当量应力公式

$$\sigma_d = \sqrt{\left(\frac{4F}{\pi d_3^2}\right)^2 + 3\left(\frac{T}{0.2 d_3^2}\right)^2} = \frac{400\,000}{3.14 \times 44^2} = 65(\text{MPa}) \tag{3.3}$$

得 $\sigma_d = 65\text{MPa} < (0.2 \sim 0.33)\sigma_s$，其中 $\sigma_s = 440 \sim 500\text{MPa}$，$T$ 为螺杆的扭矩，所以强度符合要求。

（3）螺母螺牙强度校核

螺牙根部宽度为 $b = 0.55 L_p = 0.55 \times 14 = 7.7\text{mm}$，$[\sigma] = (0.2 \sim 0.33)\sigma_s$。

① 牙切应力 τ。

螺杆牙切应力为

$$\tau_1 = \frac{F}{\pi d_3 b n} = \frac{100\,000}{3.14 \times 44 \times 7.7 \times 8.57} = 11(\text{MPa}) < 0.6[\sigma] \tag{3.4}$$

螺母牙切应力为

$$\tau_2 = \frac{F}{\pi D_4 b n} = \frac{100\,000}{3.14 \times 60 \times 7.7 \times 8.57} = 8(\text{MPa}) < 0.6[\sigma] \tag{3.5}$$

② 牙弯曲应力 σ_b。

螺杆牙弯曲应力为

$$\sigma_{b1} = \frac{3F(d - d_2)}{\pi d_3 b^2 n} = \frac{300\,000 \times 7}{3.14 \times 44 \times 7.7^2 \times 8.57} = 30(\text{MPa}) < [\sigma_b] \tag{3.6}$$

螺母牙弯曲应力为

$$\sigma_{b2} = \frac{3F(d - d_2)}{\pi D_4 b^2 n} = \frac{300\,000 \times 7}{3.14 \times 60 \times 7.7^2 \times 8.57} = 22(\text{MPa}) < [\sigma_b] \tag{3.7}$$

综上可得，螺母螺牙强度符合要求。

3.2.3 刀具系统的设计

刀具系统主要包括刀盘底座、水平刀座及其滑移和锁紧装置、横向刀座及其滑移和锁紧装置、滚刀刀架，如图 3.9 所示。

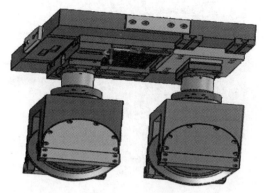

图 3.9　刀具系统

1. 刀盘底座

刀盘底座如图 3.10 所示，包括底板、横向齿板、8 条 T 形槽压板和四侧镶钢导轨。其中，底板采用 16Mn 钢板切制，钢板尺寸为 1040mm×910mm，厚 120mm，板重 890kg，成品重 818kg，切削余量 82kg。齿板尺寸为 400mm×400mm，厚 80mm，板重 100kg，成品重 33kg，加工余量 67kg。底板背面 12 个 M24 连接螺栓与纵向液压拉杆连接盘配合。四面各安装 4 个镶钢滑块，与主框架上四侧镶钢导轨配合，以防止侧向荷载对液压推杆产生冲击。

2. 水平刀座及其滑移和锁紧装置

水平刀座及其滑移和锁紧装置结构如图 3.11 所示。刀座由 HT200 铸造而成，通过 12 个 M12T 型螺栓在刀盘 T 形槽中滑动，滑槽深度为 11mm×400mm，滑台尺寸为 400mm×250mm×110mm。其外侧有 8 个螺栓，起锁紧作用，中间 4 个螺栓起限位作用。步进电动机通过齿轮副带动滚珠丝杠副的螺母旋转，从而驱动滑台移动。步进电动机选择北狄洛 BSHB9310，输出扭矩为 9N·m，齿轮模数为 3.5，传动比为 1∶2，小齿轮齿数为 23。滚动丝杠副选择 SFV05020-4.8，公称直径 $d=50$mm，导程 $L_s=10$mm，滚珠直径 $d_a=6.35$mm，旋和圈数 $n=4.8$，额定静荷载 $F=140$kN（防止摩擦锁紧力不够）。手轮带锁紧装置，滑台设计移动范围为 $10\sim150$mm。水平滑台半闭环，控制精度为 0.1mm。

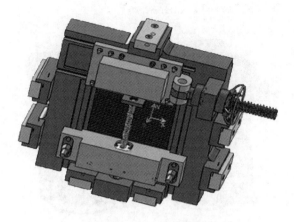

图 3.10　刀盘底座结构

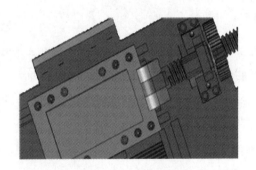

图 3.11　水平刀座结构

3．横向刀座及其滑移和锁紧装置

横向刀座及其滑移和锁紧装置结构如图 3.12 所示。刀座由 HT200 铸造，通过螺栓使其与刀盘底座的锯齿形螺牙锁紧，螺牙间距 $S_1=10\text{mm}$，调整范围为 $0\sim500\text{mm}$。刀座锯齿形螺牙强度即螺牙剪切应力为

$$\tau=\frac{F}{Lbn}=8(\text{MPa})<0.6[\sigma] \tag{3.8}$$

横向刀座滑台的移动由步进电动机通过齿形带驱动螺旋丝杠副传动。电动机选择北狄洛 BSHB9310，输出扭矩为 9N·m，齿轮模数为 3，传动比为 $1:1$，齿数为 23。调整丝杠选择 SFV02510-2.7，公称直径 $d=25\text{mm}$，导程 $L_s=10\text{mm}$。刀座半闭环控制，精度为 0.05mm。

图 3.12　横向刀座结构

4. 滚刀刀架

　　滚刀刀架主要起支撑并固定滚刀的作用，保证滚刀在破岩过程中可以自由旋转，同时不会导致滚刀偏磨等意外情况发生，起到仿真掘进机施工环境的重要作用。设计刀架如图 3.13 所示，主要包括刀架底座、左右法兰和限位块等。为保证刀架法兰及螺栓组的可靠性，法兰内侧设计承重耳，侧面法兰如图 3.13 所示，由内外两个环面与刀座相接，以承受侧向冲击荷载。刀架底座采用 HT200 铸造，两侧加法兰和底部支撑法兰连接。刀架两侧分别使用 6 个 M16 和 4 个 M12 内六角螺栓与底座相连。

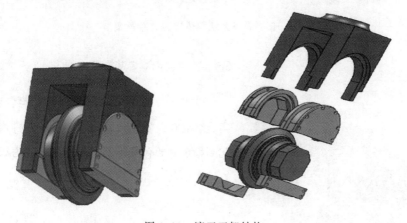

图 3.13　滚刀刀架结构

　　在滚刀底部分别施加纵向荷载 500kN、横向荷载 150kN 和水平荷载 100kN，得到滚刀刀架的应力分布和变形，如图 3.14 所示。由 ANSYS 有限元分析可知，其最大应力为 73MPa，刀架纵向最大位移为 0.06mm。

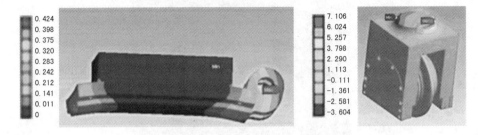

图 3.14　刀架应力分布及变形

5. 刀具系统整体受力分析

刀具系统整体受力分析如图 3.15 所示。在两把滚刀底部分别施加 500kN 正压力、150kN 的横向冲击荷载和 100kN 的水平冲击荷载。通过 ANSYS 有限元分析可知，最小安全系数为 0.2，出现在测力仪法兰上，该法兰结构需同测力仪协调后重新设计，该处最大位移为 0.2mm。

图 3.15　刀具系统整体应力分布及变形

3.2.4　实验台支撑框架及顶梁

实验台支撑框架及顶梁包括实验台底座、实验台立柱及实验台顶梁三个关键部件，它们起到稳定实验台整体结构的作用，并为滚刀破岩过程中其他部件的正常工作提供可靠保障。

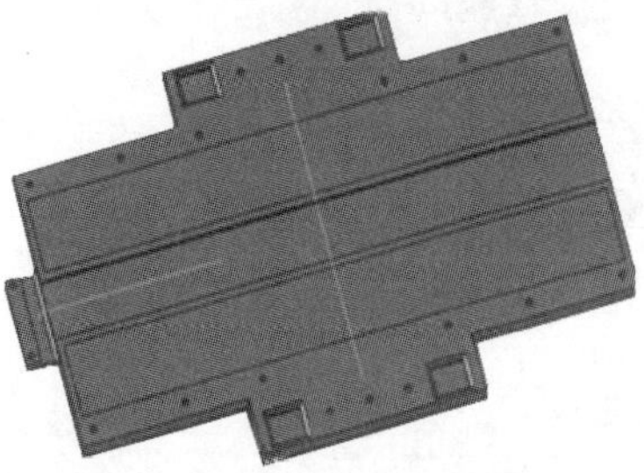

（1）底座

底座采用 16Mn 钢板，$\sigma_s = 275$MPa。钢板毛坯长 4470mm、宽 2700mm、厚 140mm，总重 13 200kg，如图 3.16 所示。两侧分别切除

图 3.16　实验台底座结构

1515mm×390mm、1255mm×390mm 和 660mm×250mm 的钢板条。中间工作台凹槽刨除量为 28mm×4200mm×400mm，重 367kg。

对底座进行 ANSYS 有限元分析，结果如图 3.17 所示，可得最大应力为 33MPa，最大位移为 0.08mm，可知设计满足要求。

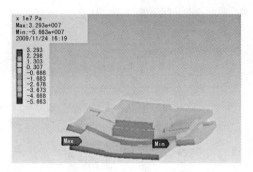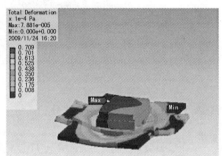

图 3.17　实验台底座应力及变形

（2）立柱

实验台两侧立柱采用 16Mn 钢板，σ_s = 275MPa，如图 3.18 所示。钢板宽 1500mm、厚 200mm、高 2022mm，总重 4700kg，底部切除宽 1000mm、高 1050mm 的钢板，切除后钢板重 3100kg。立柱底部与底座焊接，焊接高度为 50mm，坡口为 30mm，小于 40°。顶部开前后主梁及顶梁定位焊接槽口，槽口深 50mm，四周开焊接坡口。

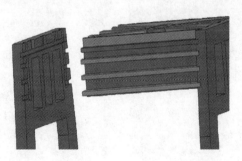

图 3.18　实验台立柱及其装配示意图

（3）顶梁

顶梁采用 50mm 厚钢板与背后三条钢板连为一体，背面加焊一块 1000mm×400mm 的钢板，如图 3.19 所示。顶梁总重约 1000kg，侧面与立柱为 K 形焊接，背面加强筋长 50mm。横梁导轨面可承受 300kN 冲击荷载。

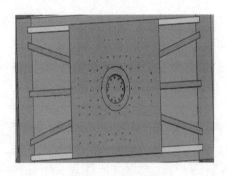

图 3.19　顶梁结构示意图

3.2.5　主体框架结构刚性分析

在实验台主体框架的液压缸顶部施加 1000kN 拉力，用 ANSYS 对其进行有限元仿真，结果如图 3.20 所示，可得最低安全系数为 1.47，最大应力为 160MPa（均出现在液压缸连接法兰处，可改进），最大位移为 1mm，固有频率为 43.9Hz。

(a) 施加荷载100kN

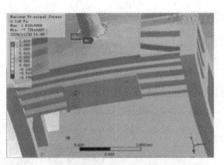

(b) 施加荷载200kN

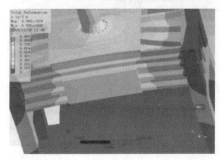

(c) 施加荷载500kN

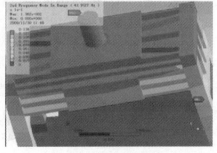

(d) 施加荷载1000kN

图 3.20　实验台整体结构分析

3.2.6　整机有限元分析

如图 3.21 所示为双滚刀实验台有限元分析模型。双滚刀实验台主要受到纵向垂直荷载和横向冲击荷载的作用。

如图 3.22 所示为双滚刀实验台施加荷载和约束后的模型。试件到达岩石滚刀实验台后，两个滚刀都会受到纵向约 500kN 的力，滚刀还会受到横向约 150kN 的力。由于双滚刀实验台主要靠底座与地面支撑，所以在双滚刀实验台底座与地面的接触面上要施加固定约束，限制全部自由度。

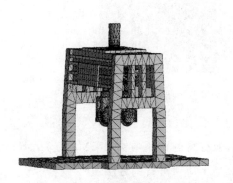 

图 3.21　实验台网格划分模型　　　　图 3.22　实验台施加荷载和约束后的模型

通过 ANSYS 有限元分析可得到双滚刀实验台的应力分布、安全系数和变形。双滚刀实验台模型的应力分布如图 3.23 所示。关键点的应力放大如

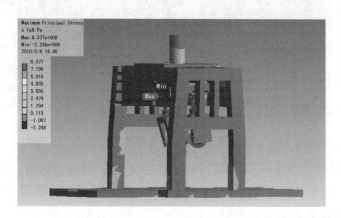

图 3.23　模型的应力分布

图 3.24 所示,可以看出,除了左法兰盘上的应力集中点外,其应力都小于材料的许用应力。左法兰上的最大应力为 837.7MPa,超过了材料的许用应力 275MPa。

图 3.24　关键点的应力局部放大图

通过加凹槽和增大过渡圆角对法兰盘进行优化设计。如图 3.25 所示,优化后的左法兰盘最大应力为 150.9MPa,小于材料的许用应力 275MPa。结果表明,加凹槽和增大过渡圆角是降低法兰盘最大应力可行的方法。

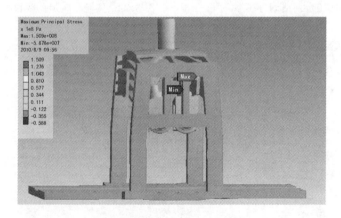

图 3.25　结构改进后的最大应力

图 3.26 所示为双滚刀实验台的安全系数分布。双滚刀实验台的结构满足安全要求,安全系数的最小值出现在左法兰盘上,但是仍然满足安全系数>4的安全设计要求。图 3.27 所示为双滚刀实验台的纵向变形,最大变形出现在左滚刀的刀座上,大于设计要求,变形和刚度均满足设计要求。

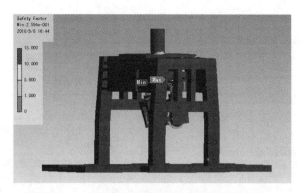

图 3.26　安全系数

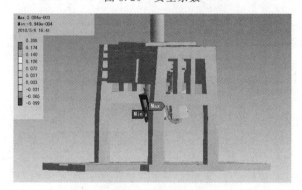

图 3.27　纵向变形

3.3　基于模糊神经网络的预测控制系统设计

刀具液压系统是一个复杂的非线性系统，具有非线性、干扰因素多等特点，虽然 PID 控制具有一定的有效性，但 PID 采用的是常规的线性控制技术，若系统的非线性程度较强，难以获得良好的控制精度和动态性能。根据刀具液压控制系统的特点，设计了模糊神经网络预测控制及模糊控制两级控制系统，其结构如图 3.28 所示。该控制器主要由两个模糊神经网络预测控制器及模糊控制器组成。模糊神经网络预测控制器主要完成速度和压力分析与控制，其中 e_1 为当前速度设定值与实际值之间的误差，Δe_1 为误差的变化量，e_2 为当前压力设定值与实际值之间的误差，该误差的变化量为 Δe_2。模糊控制器接收上一级输出的速度控制信号和压力控制信号，经过逻辑推理判断，输出控制信号，驱动执行器，完成刀具系统的控制。

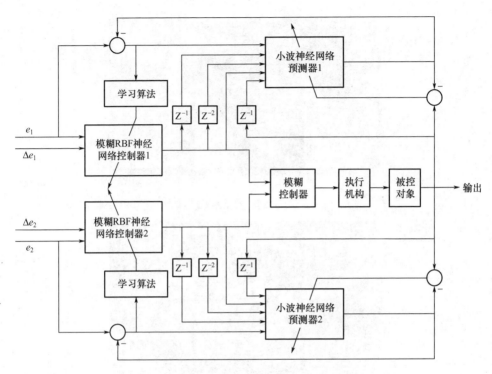

图 3.28　模糊神经网络预测控制系统的结构

其工作原理是：传感器检测刀具系统的速度和压力信号，并求出速度和压力的变化量，作为模糊神经网络预测控制器的输入量。小波神经网络预测器的主要作用是预测未来的速度和压力，通过预测学习算法调整模糊神经网络控制器的权值，从而使下一步的控制能根据将来的预测值调整策略，使控制输出达到最优，再将模糊神经网络输出的控制量通过模糊控制器转化为模糊量，并利用模糊逻辑推理算法进行最终决策，输出控制量，实现液压控制系统的优化控制。

该控制器的设计利用了神经网络控制对非线性、时变、不确定性的复杂系统控制的有效性的特点，结合预测控制预测出被控对象的未来输出，根据未来输出在线调整控制策略，并通过模糊控制技术进行逻辑推理，实现刀具液压系统的优化控制。

3.3.1　模糊神经网络控制器设计

速度控制和压力控制采用模糊神经网络控制模式，其结构为 RBF 神经网

络拓扑结构，RBF 的输出层 y_i 一般满足

$$y_i = f_i(x) = \sum_{k=1}^{N} w_{ik} \phi_k(x, c_k) = \sum_{k=1}^{N} w_{ik} \phi_k(\| x, c_k \|_2) \quad (i = 1, 2, \cdots, m)$$

$$(3.9)$$

式中，$x \in R^n$——输入矢量；

　　　$\phi(\cdot)$——一个 R^+ 到 R 的函数；

　　　$\| \cdot \|_2$——欧几里德范数；

　　　w_{ik}——第 k 个隐含层单元到第 i 个输出单元的权值；

　　　N——隐含层的神经元个数；

　　　$c_k \in R^n$——输入向量空间的径向基函数中心。

取 RBF 神经网络的隐层节点函数为高斯函数，则

$$y_i = \sum_{k=1}^{N} \omega_{ik} \cdot \exp\left[\frac{\| x - c_k \|^2}{\sigma_k^2}\right] \tag{3.10}$$

利用参数 σ_k 控制径向基函数的宽度，通常表示为增长参数。

对于该系统，输入量有两个，x_1 表示误差量 e，x_2 表示误差变化量 Δe。输出量为控制量 $u(k)$。

定义其性能指标为

$$J = \frac{1}{2}[r(k+1) - y(k-1)]^2 \tag{3.11}$$

式中，$r(k+1)$——被控对象的期望输出；

　　　$y(k+1)$——系统的实际输出。

根据梯度下降法得到输出权值和径向基函数中心。径向基函数宽度的迭代算法如下。

输出层的权值学习算法为

$$\omega_k(k+1) = \omega_k(k) + \theta \Delta \omega_k(k) + \beta[\omega_k(k) - \omega_k(k-1)] \tag{3.12}$$

同理可得隶属函数参数学习算法为

$$c_{kj}(k+1) = c_{kj}(k) + \theta \Delta c_{kj}(k) + \beta[c_{kj}(k) - c_{kj}(k-1)] \tag{3.13}$$

$$\sigma_k(k+1) = \sigma_k(k) + \theta \Delta \sigma_k(k) + \beta[\sigma_k(k) - \sigma_k(k-1)] \tag{3.14}$$

其中

$$\Delta \omega_k(k) = -\frac{\partial J}{\partial \omega_k} = -\frac{\partial J}{\partial y(k+1)} \frac{\partial y(k+1)}{\partial u(k)} \frac{\partial u(k)}{\partial \omega_k}$$

$$= \left[r(k+1) - y(k+1) \right] \phi_k \cdot \frac{\partial y(k+1)}{\partial u(k)} \qquad (3.15)$$

$$\Delta c_{kj} = -\frac{\partial J}{\partial c_{kj}} = -\frac{\partial J}{\partial y(k+1)} \frac{\partial y(k+1)}{\partial u(k)} \frac{\partial u(k)}{\partial c_{kj}}$$

$$= \left[r(k+1) - y(k+1) \right] \omega_k \phi_k \frac{2(x_j - c_{kj})}{\sigma_k^2} \cdot \frac{\partial y(k+1)}{\partial u(k)} \qquad (3.16)$$

$$\Delta \sigma_k = -\frac{\partial J}{\partial \sigma_k} = -\frac{\partial J}{\partial y(k+1)} \frac{\partial y(k+1)}{\partial u(k)} \frac{\partial u(k)}{\partial \sigma_k}$$

$$= -\left[r(k+1) - y(k+1) \right] \omega_k \phi_k \frac{2(x_j - \sigma_k)}{\sigma_k^3} \cdot \frac{\partial y(k+1)}{\partial u(k)} \qquad (3.17)$$

以上式中，θ——学习速率；

　　　　β——惯性常数，在$(0,1)$区间取值。

由于 $\dfrac{\partial y(k+1)}{\partial u(k)}$ 很难确定，根据预测器的输出 $y^*(k+1) \approx y(k+1)$，可得

$$\frac{\partial y(k+1)}{\partial u(k)} \approx \frac{\partial y^*(k+1)}{\partial u(k)} \qquad (3.18)$$

3.3.2　神经网络预测器设计

1. 预测控制原理及应用

模型预测控制（Model Predictive Control，MPC）通常简称为预测控制，其采用多步预测、滚动优化和反馈校正等多种控制策略，是一种应用极为广泛的新型计算机控制算法。其控制效果良好，有较强的鲁棒性。由于刀具液压系统有很强的非线性、不确定性和时变性，所以传统的控制方法难以达到良好的控制效果。引入预测控制的目的是：通过预测未来的输出值实时在线调整控制策略，从而提高控制精度和系统的动态性能。

典型的预测控制系统包括参考轨迹、预测模型、滚动优化、在线校正等几个部分，其结构如图 3.29 所示。

预测控制最初仅针对线性系统，但实际的工业控制对象多数是复杂的非线性、不确定性时变系统，难以确定其精确的数学模型。由于预测控制自身的鲁棒性特点，对象的非线性特性可视为一种模型失配，故可通过在线辨识模型参数的方法实现非线性系统的预测控制。非线性预测控制系统的结构如图 3.30 所示。

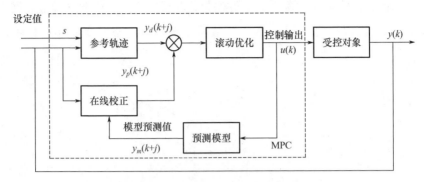

图 3.29　典型的预测控制系统的结构

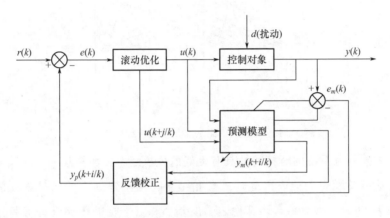

图 3.30　非线性预测控制系统的结构

本节的设计将神经网络控制与预测控制相融合,结合刀具液压系统固有的非线性及不确定性特性,提出一种新型的神经网络预测控制方法,并对其控制器进行设计。

2. 小波神经网络预测器设计

预测器设计预测值的准确与否直接影响控制效果。为提高预测器的预测效果,本节提出一种递归小波神经网络预测控制方法,利用递归小波神经网络能很好地逼近非线性系统的特点,在线建立参考模型,完成对系统动态特性的辨识,并利用 RBF 神经网络控制方法提高控制效果。

本节的预测器设计采用具有三层网络结构的递归小波神经网络,其结构如图 3.31所示。该网络结构中的隐含层输入是由输入层的输出和关联层的输出共同作用的，而隐含层的输出又恰好作为关联层的输入，因此这种递归网络结构具有良好的动态特性，适用于刀具液压系统这种动态时变的非线性不确定系统。

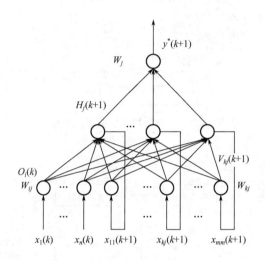

图 3.31　多输入单输出递归小波神经网络结构

小波控制对系统的时频特性具有良好的分析能力，而神经网络又具有自学习、自适应及联想功能，因此，二者相结合，模型建立方便快捷，预测能力好。因为 Morlet 小波基有计算稳定、误差小和对干扰的鲁棒性好等特点，更符合变风量空调系统控制，所以此处选用 Morlet 小波函数作为小波基函数。

该网络的输入层有 n 个神经元，取 $n=6$，即输入层神经元为 $x_1(k)$，$x_2(k)$，$x_3(k)$，$x_4(k)$，$x_5(k)$，$x_6(k)$，分别表示神经网络控制器的输出量 $u(k)$，被控对象实际输出的延时 $y(k-1)$ 和被控对象实际输出与预测输出之间的误差为 $y(k)-y^*(k)$。令输入层的输出为 $O_i(k)$，$i=1,2,\cdots,n$。隐含层和关联层均有 m 个神经元，令 k 时刻隐含层的输出为 $H_j(k+1)$，故关联层的输入量可表示为 $x_{kj}(k+1)=\alpha H_j(k)$，其中 α 为反馈增益。关联层的输出用 $V_{kj}(k+1)$ 表示。

因此，该递归小波神经网络的输出为

$$y^*(k+1)=\sum_{j=1}^{m}\omega_j\varphi\left[\sum_{i=1}^{n}\omega_{ij}O_i(k)+\sum_{k=1}^{m}\omega_{kj}V_{kj}(k+1)-\theta_j\right] \quad (3.19)$$

式中，θ_j——小波函数的平移系数值；

$\varphi(\cdot)$——小波函数；

ω_j——隐含层与输出层的连接权值；

ω_{ij}——输入层与隐含层的连接权值；

ω_{kj}——关联层与隐含层的连接权值。

取 Morlet 小波基函数，即

$$\varphi(x)=(1-x^2)\mathrm{e}^{-\frac{x^2}{2}} \tag{3.20}$$

定义该网络的误差性能指标函数为

$$E=\frac{1}{2}\big[y(k+1)-y^*(k+1)\big]^2 \tag{3.21}$$

其中，$y(k+1)$ 和 $y^*(k+1)$ 分别代表 $k+1$ 时刻系统的实际输出与预测器的参考模型输出。

参数的学习采用梯度下降法，得

$$\omega_j(k+1)=\omega_j(k)+\eta\Delta\omega_j(k)+\alpha\big[\omega_j(k)-\omega_j(k-1)\big] \tag{3.22}$$

$$\omega_{ij}(k+1)=\omega_{ij}(k)+\eta\Delta\omega_{ij}(k)+\alpha\big[\omega_{ij}(k)-\omega_{ij}(k-1)\big] \tag{3.23}$$

$$\omega_{kj}(k+1)=\omega_{kj}(k)+\eta\Delta\omega_{kj}(k)+\alpha\big[\omega_{kj}(k)-\omega_{kj}(k-1)\big] \tag{3.24}$$

$$\theta_j(k+1)=\theta_j(k)+\eta\Delta\theta_j(k)+\alpha\big[\theta_j(k)-\theta_j(k-1)\big] \tag{3.25}$$

其中

$$\Delta\omega_j=-\frac{\partial E}{\partial\omega_j}=-\frac{\partial E}{\partial y^*(k+1)}\cdot\frac{\partial y^*(k+1)}{\partial\omega_j}$$

$$=\big[y(k+1)-y^*(k+1)\big]\sum_{j=1}^m\varphi\Big[\sum_{i=1}^n\omega_{ij}O_i(k)+\sum_{k=1}^m\omega_{kj}V_{kj}(k+1)-\theta_j\Big] \tag{3.26}$$

$$\Delta\omega_{ij}=-\frac{\partial E}{\partial\omega_{ij}}=-\frac{\partial E}{\partial y^*(k+1)}\cdot\frac{\partial y^*(k+1)}{\partial\omega_{ij}}$$

$$=\big[y(k+1)-y^*(k+1)\big]\sum_{j=1}^m\omega_j\varphi\Big[\sum_{i=1}^n\omega_{ij}O_i(k)+\sum_{k=1}^m\omega_{kj}V_{kj}(k+1)-\theta_j\Big]O_i(k) \tag{3.27}$$

$$\Delta\omega_{kj}=-\frac{\partial E}{\partial\omega_{kj}}=-\frac{\partial E}{\partial y^*(k+1)}\cdot\frac{\partial y^*(k+1)}{\partial\omega_{kj}}$$

$$=\big[y(k+1)-y^*(k+1)\big]\sum_{j=1}^m\omega_j\varphi\Big[\sum_{i=1}^n\omega_{ij}O_i(k)+\sum_{k=1}^m\omega_{kj}V_{kj}(k+1)-\theta_j\Big]V_{kj}(k+1) \tag{3.28}$$

$$\Delta\theta_j = -\frac{\partial E}{\partial \theta_j} = -\frac{\partial E}{\partial y^*(k+1)} \cdot \frac{\partial y^*(k+1)}{\partial \theta_j}$$

$$= -[y(k+1)-y^*(k+1)]\sum_{j=1}^m \omega_j\varphi'\Big[\sum_{i=1}^n \omega_{ij}O_i(k)+\sum_{k=1}^m \omega_{kj}V_{kj}(k+1)-\theta_j\Big]$$

$$(3.29)$$

式中，η——学习速率；

　　α——惯性参数。

η，α 均在（0，1）区间取值。

3.3.3　模糊控制器设计

模糊控制是以模糊集理论、模糊语言变量和模糊逻辑推理为基础的一种智能控制方法，它从行为上模仿人的模糊推理和决策过程。模糊控制系统采用的模糊控制器是模糊控制与微机控制相区分的关键所在，因此模糊控制器的设计是整个模糊控制系统设计的核心内容。

模糊控制器结构中采用的模糊规则、合成推理算法及模糊决策方法等是设计的关键因素。对复杂的非线性、时变性和不确定性系统来说，模糊控制方法控制效果优良。

本节设计的控制系统，控制器的输入量有两个，x_1 表示压力信号，x_2 表示速度信号。设定模糊控制的语言值为 NB（负大）、NM（负中）、NS（负小）、ZE（零）、PS（正小）、PM（正中）、PB（正大）。

以 if A_i and B_i，then C_i 为模糊控制规则，其中模糊子集 A_i，B_i，C_i 分别是误差量 e_1、误差量 e_2 及输出量的模糊子集。

根据控制经验得到模糊控制规则，见表3.3。

可得到 49 条模糊规则。根据模糊规则得到模糊关系为

$$R=\bigcup_{i=1}^{49}(E_1\times E_2)\times U \qquad (3.30)$$

可得

$$U=(E_1\times E_2)\cdot R \qquad (3.31)$$

其解模糊过程将采用加权平均法。

表 3.3　模糊控制规则（u）

e_1	e_2						
	PB	NB	NM	NS	ZE	PS	PM
NB	NB	NB	NM	NM	NS	NS	ZE
NM	NB	NM	NM	NS	NS	ZE	PS
NS	NM	NM	NS	NS	ZE	PS	PS
ZE	NM	NS	NS	ZE	PS	PS	PM
PS	NS	NS	ZE	PS	PS	PM	PM
PM	NS	ZE	PS	PS	PM	PM	PB
PB	ZE	PS	PS	PM	PM	PB	PB

3.3.4　模糊神经网络预测控制仿真

1. 刀具系统受力仿真分析

PID 控制适用于线性系统，然而实际应用中大多数系统是非线性系统，若采用线性控制策略，系统的动态响应速度和稳态精度难以达到较高的要求。刀具控制系统即具有很强的非线性特性。因此，本节采用智能控制策略，对刀具控制性能进行分析。

如图 3.32（a，b）所示是采用两种不同控制算法的液压缸压强和受力响应特性曲线，由图可知，采用模糊神经网络预测控制响应速度快，控制精度高，系统最大压强约为 50MPa，而采用 PID 控制，压强约为 48MPa，动态调节时间较长。由仿真曲线可以看出，PID 控制无论响应速度还是控制精度都与模糊神经网络预测控制有差距。

由以上分析可得，液压缸运动速度（即刀具下降速度）的大小完全由流量 q 决定，达到最大值的时间与负载有关，且二者成正比，液压缸最大正向压力主要由系统压强（主泵压强）决定。在整个运动过程中液压系统静态特性始终保持与动态特性相统一，即理论与实践完全一致，且能达到各项指标要求。

2. 刀具系统下降速度仿真分析

当刀具系统下降过程中遇到冲击荷载时，重新对刀具系统切割过程进行仿真。当 Z 向冲击荷载为 $m = 50\,000\text{kg}$ 时，采用 PID 和模糊神经网络预测控制

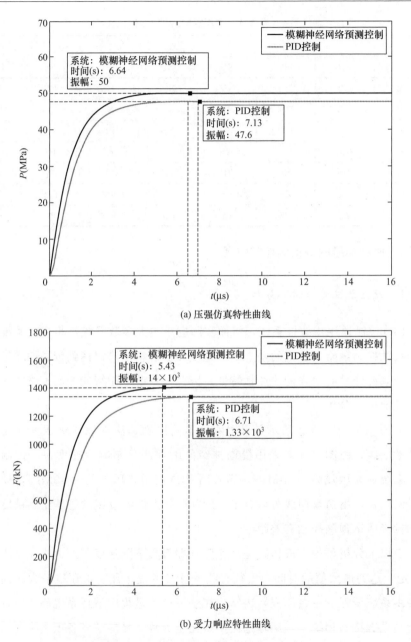

图 3.32 采用两种不同控制算法的液压缸压强和受力响应特性曲线

的液压缸输出特性曲线如图 3.33 所示。

由仿真曲线可以看出，采用模糊神经网络预测控制技术，控制精度良好，响应速度较快，大约在 15ms 系统达到稳态，而采用 PID 控制策略，动态调节

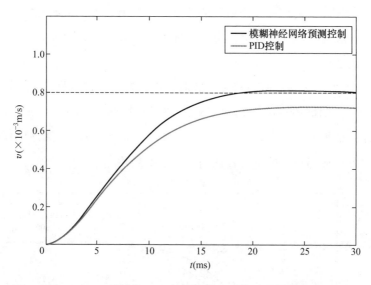

图 3.33　刀具速度 PID 与模糊神经网络预测控制曲线

时间大约为 23ms。从控制精度看，采用模糊神经网络预测控制技术，输出的速度稳态值为 $0.8 \times 10^{-3} \mathrm{m/s}$，而采用 PID 控制输出稳态值为 $0.7 \times 10^{-3} \mathrm{m/s}$，输出值存在稳态误差，说明采用智能控制策略具有良好的动态响应性能指标和良好的稳态精度。其原因主要在于：

1）刀具控制系统是一个非线性控制系统，而 PID 控制是一种线性控制方式，适用于线性系统，对于非线性系统的控制会存在一定的误差，其动态性能指标和稳态性能指标会受到一定的影响，因此控制性能与智能控制相比有一定的差距。

2）模糊神经网络预测控制技术适用于非线性系统，由于神经网络具有良好的自适应、自组织能力，在非线性较强的系统中能根据系统的非线性特性自动调节，以适应非线性系统自身的非线性特性及扰动对系统的影响。

3）模糊神经网络预测控制是将模糊、神经网络和预测控制结合的一种智能复合控制方式，将模糊推理、自适应预测控制相互融合，能适应复杂系统的复杂控制策略，使系统具有良好的动态控制效果。

4）预测控制是通过预测未来的输出值实时调整输出控制策略，使控制输出能根据未来的输出预测值有效地调节当前的控制输出，使控制系统具有良好的控制精度。

仿真结果表明模糊神经网络预测控制技术具有良好的控制性能，与常规的PID控制技术相比具有响应速度快、控制精度高等特点，大大提高了刀具控制系统的控制性能。

图 3.34 所示为液压缸空载和负载时，即当冲击荷载分别为 $m=0\mathrm{kg}$，$m=50\ 000\mathrm{kg}$，$m=100\ 000\mathrm{kg}$ 时的输出速度仿真特性曲线。由图可知，仿真结果与理论计算结果完全一致，即 $v=0.805\ 533\ 3\mathrm{mm/s}$。采用模糊神经网络预测控制技术可以达到良好的动态性能指标和控制精度。

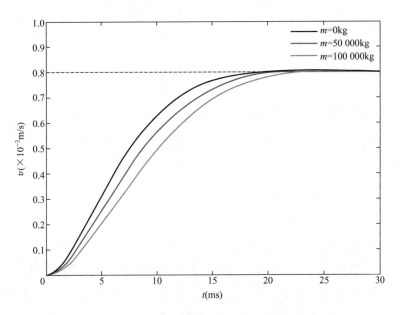

图 3.34　刀具速度模糊神经网络预测控制曲线

3.4　双滚刀实验台样机

3.4.1　双滚刀实验台样机结构

研制的双滚刀实验台样机如图 3.35 所示。其实际工作过程为：将移动工作台移出设备框架至始发位置，将岩样固定在移动工作台上；丝杠传动推动工作台移动，使滚刀位于适当的切割位置，然后进行位置固定；启动液压缸，调整滚刀在垂直方向的位置，使滚刀刃在岩样表面以下数毫米处，即滚刀的贯入度达到设定值，通过传动丝杠和刀座滑台调整两把滚刀的距离；启动液压缸，拉动移动工作台，带动岩样沿工作方向运动，使滚刀从岩石外侧加速后切入岩石，直至完成切割，在另一端与岩石分离，实现滚刀对岩石的被动切割，并检测相关实验数据，进行分析。

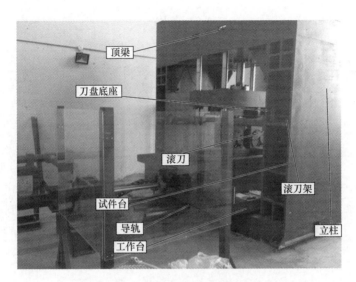

图 3.35　双滚刀硬岩综合实验台样机

3.4.2　实验台样机结构功能参数对比

经过设计分析及对样机的调试可得，实验台总长 7685mm，宽 2700mm，高 2502mm，总体结构刚度为 1000kN/(1+0.2)mm＝833kN/mm，总质量约为30 000kg，电动机总功率为 100kW。

工作台行程为 2400mm，水平滚刀位置调整范围为 150～10mm，双锁紧；横向滚刀调整范围为 300～500mm，每间隔 10mm 调整，锯齿锁紧。

纵向正压力为 1000kN，横向冲击荷载为 300kN 和 150kN，零部件设计安全系数＞4。

实验滚刀直径有 19in（483mm）、17in（432mm）和 14in（356mm）三种。

岩样尺寸为 1500mm×800mm×400mm。

框架纵向刚度大于 400kN/mm，刀具水平距离可调范围为 40～130mm，横向分别为 200mm、300mm、400mm、500mm。

综合实验台机械结构设计要求与实现指标功能参数的对比见表 3.4。

表 3.4　实验台结构功能参数对比

参数名称	设计要求	实现指标
整机刚度（kN/mm）	400	833
总功率（kW）	110	100
水平冲击荷载（kN）		150
工件台水平距离调整值（mm）		±400
工件台最大移动速度（m/s）		0.01
工作台位置控制精度（mm）		开环控制精度±0.05
工作台侧向锁紧		丝杠与压板双锁紧
水平滚刀移动范围（mm）	40～130	10～150
水平滚刀调整方式	手动	半自动、半闭环
水平滚刀侧向锁紧		机械与摩擦双锁紧
横向滚刀移动范围（mm）	200、300、400、500	300～500，每间隔10mm调整
水平滚刀调整方式	手动	半自动、半闭环
横向滚刀锁紧		锯齿锁紧

该实验台可以完全模拟实际滚刀破岩过程，实现了刀具材料的耐磨实验、不同尺寸滚刀实验、不同切割速度破岩实验、两把滚刀顺次切割岩石滚压实验、不同刀间距破岩实验等多项功能的集成。该实验台也是目前国内最先进的全断面硬岩掘进机双滚刀硬岩掘进实验综合平台。实验台的研制成功为开展全断面硬岩掘进机刀具系统研究和指导实际施工提供了重要的支撑。

3.5　小　　结

本章依据滚刀实验设备需求研制了一种全新的双滚刀硬岩掘进综合实验平台，主要用于全断面硬岩掘进机滚刀破岩实验。其中，详细阐述了研制开发的掘进机综合实验台结构、功能及特点，并验证了该实验平台的有效性。

所设计的双滚刀实验台可模拟刀盘不同位置滚刀切割岩石的过程，模拟刀盘不同转速破岩过程，可进行刀具材料的耐磨实验，进行不同尺寸滚刀的实验，进行不同刀间距和相位角的破岩实验，具有完全模拟掘进机现场破岩过程的功能。

基于 ANSYS 软件对双滚刀实验台的滚刀刀架、整体刀盘、实验机底座和主体框架等重要部件进行了有限元分析，得出其应力分布图、安全系数图和变形图，结果均满足实验要求。基于以上设计分析与仿真计算，完成了对实验台样机的研制。

本章提出的新型双滚刀实验台弥补了现有实验台功能不足、实验手段单一及实验数据可靠性差等缺点，对精确模拟掘进机现场破岩过程具有重要意义，对提高我国重大装备制造技术具有积极的促进作用。

第4章 不同刀间距对滚刀破岩的影响

刀盘是全断面硬岩掘进机刀具系统的主要部件之一，是所有破岩刀具的安装载体。掘进过程中会遇到不同的地质条件，加之施工控制参数的影响，刀盘受到的是典型的随机冲击荷载。因此，刀盘应当具有足够的强度和刚度，才能承受切削破岩时受到的随机冲击荷载。本章主要对刀盘的受力进行分析，从建立刀盘力学模型的角度对刀盘实际破岩过程进行仿真与分析，找出并确定影响刀盘振动与损坏的主要因素，并基于滚刀间距的分析对滚刀在刀盘上的布置进行研究。

4.1 刀盘结构

刀盘直径尺寸差异巨大，从几米到十几米。全断面硬岩掘进机在施工过程中，刀盘随着掘进机沿轴线方向向前作直线运动，同时又绕自身轴线作顺时针旋转运动，其运动轨迹是螺旋线[81]。

刀盘一般为整体的钢结构焊接件，其结构如图4.1所示。辐条和辐板可视为刀盘的骨架，其上布置安装破岩的刀具，并为刀具切削破岩提供支撑力。刀

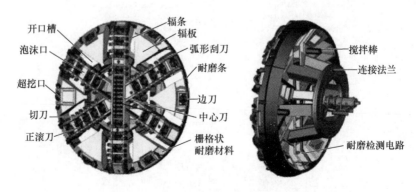

图 4.1 刀盘结构

箱通过焊接或螺栓连接的方式安装在刀盘上，用于刀具的安装。箱体一般为铸件，焊接于辐条辐板上，将刀盘推力和扭矩传递给滚刀。耐磨条分布焊接在刀盘外缘，以减小刀盘外围的磨损。开口槽用于增加被切削下来的岩土的流动性，以保证刀盘正常运转。泡沫管焊接在辐条内侧，为泡沫流过刀盘、喷溅到待开挖地层表面提供通道。栅格状耐磨材料焊接在刀盘边缘滚刀安装部位，用于减小刀箱和刀盘结构的磨损[82]。

4.2　刀盘性能的理论分析模型

4.2.1　刀盘受力情况

刀盘承受的荷载可分为垂直于刀盘的推力和克服四周围岩摩擦力的扭矩两部分，如图 4.2 所示。

虽然刀盘在施工过程中的受力状况很复杂，但由全断面硬岩掘进机的工作方式及运动形式可知，刀盘上的荷载总体可分为沿掘进方向的轴向力和与刀盘旋转方向相切的等效周向力两部分。刀盘驱动系统提供的扭矩应与刀盘等效周向力和刀盘中心距离的乘积相等[83]，即

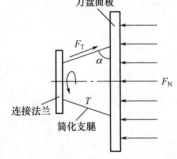

图 4.2　刀盘受到的推力和扭矩简图

$$\sum_{i=1}^{n} F_{\mathrm{T}i} R_i = T \tag{4.1}$$

式中，$F_{\mathrm{T}i}$——侧向力的第 i 个分量；

　　　R_i——第 i 个侧向力与刀盘旋转中心的距离；

　　　T——刀盘受到的扭矩。

全断面硬岩掘进机在工作过程中，刀盘首先受到推进系统通过支撑架传递的推力。正常工作条件是：推进系统提供的推力需大于前方阻力的总和。全断面硬岩掘进机在掘进过程中受到的阻力主要由以下几部分组成：与四周围岩间的摩擦力（F_1），刀盘推进时刀具刀刃侵入岩体产生的贯入阻力（F_2），破

岩时刀盘承受的推进阻力（F_3），转向阻力（F_4），盾尾与管片衬砌间的摩擦力（F_5），牵引后方台车阻力（F_6）。总推力可表示为

$$F = \sum F_i = F_1 + F_2 + F_3 + F_4 + F_5 + F_6 \qquad (4.2)$$

以上提到的各种阻力的大小受到施工掘进机的长度、直径、质量、施工参数、开挖底层地质情况及不同地层间的摩擦系数等影响。掌握影响施工的各因素，将有利于减小掘进阻力，提高掘进机破岩效率及使用寿命，同时可依据实际地质情况、滚刀数量及每把盘形滚刀的承载力做出快速估算。刀盘推力的计算公式可表示为

刀盘推力＝（中心刀＋正滚刀＋边滚刀）数量×承载力/把

刀盘掘进时能承受的最大推力由与其组合的盘形滚刀的规格和数量决定，当刀盘上盘形滚刀的安装数量确定后，各把盘形滚刀的承载能力越大，刀盘刀具系统的总推力也越大。盘形滚刀的承载力受到刀圈断面形状、材质、热处理、轴承、安装空间和质量等各方面因素的影响，目前 17in 滚刀较为成熟，可实现 250kN/把的推力。如果刀盘共安装 40 把 17in 滚刀，刀盘最大承载能力在13 000kN左右。

刀盘破岩所需的扭矩 T 由掘进机施工形式、掘进机刀盘尺寸、地下施工隧洞围岩条件及掘进机结构等因素决定，一般由以下几部分组成：切削岩土所需的扭矩（T_1），刀盘刀具与岩土摩擦产生的扭矩（T_2），因刀盘旋转搅拌渣土产生阻力所需的扭矩（T_3），轴承阻力引起的扭矩（T_4），密封摩擦阻力产生的扭矩（T_5），驱动减速器机构机械效率损失阻力产生的扭矩（T_6）。刀盘总扭矩可表示为

$$T = \sum T_i = T_1 + T_2 + T_3 + T_4 + T_5 + T_6 \qquad (4.3)$$

为了计算简便，通常可根据经验公式计算扭矩，即

$$T = k_s \times D^2 \qquad (4.4)$$

式中，k_s——扭矩系数，一般选定为 60 左右；

　　　D——刀盘直径（m）。

T 的单位为 kN·m。

4.2.2　刀盘强度模型

刀盘的强度设计准则指刀盘的结构设计满足刀盘处于工作状态时结构强度

的要求，在正常工况下刀盘结构不会遭到破坏。

刀盘在工作时所受的最大应力与安全系数的乘积应小于刀盘材料的屈服极限，可用下式进行校核：

$$\sigma_{\max} \times K \leqslant [\sigma] \tag{4.5}$$

式中，$\sigma_{\max}$——刀盘所受的最大应力；

　　K——安全系数，此处取 2.0；

　　$[\sigma]$——刀盘材料的许用应力。

驱动系统提供的扭矩通过连接法兰传递到刀盘面板上，若支腿与刀盘面板的连接位置距刀盘中心的距离为 R_1，连接处的等效侧向力为 F'_{T1}，与掘进机主轴承的连接位置距刀盘中心的距离为 R_2，连接处的等效侧向力为 F'_{T2}，则

$$nF'_{T1} \times R_1 = T \tag{4.6}$$

$$nF'_{T2} \times R_2 = T \tag{4.7}$$

由于 $R_1 > R_2$，而驱动系统提供的扭矩是相同的，故 $F'_{T1} < F'_{T2}$。

由力的传递性可知，全断面硬岩掘进机液压支撑装置提供的推进力通过连接法兰传递到刀盘上，且与滚刀破坏前方岩体所需的力 F_N 相等。由于刀盘为对称结构，可得

$$nF'_N = F_N / \sin\alpha \tag{4.8}$$

式中，F'_N——连接法兰每个支腿受到的轴向力；

　　n——刀盘连接法兰上支腿的数量；

　　α——刀盘面板与刀盘推进方向的夹角。

由式（4.1）和式（4.6）～式（4.8）可得

$$F_a = \sqrt{F_N'^2 + F_{T1}'^2} = \sqrt{\left(\frac{F}{n \times \sin\alpha}\right)^2 + \left(\frac{T}{n \times R_1}\right)^2} \tag{4.9}$$

$$F_b = \sqrt{F_N'^2 + F_{T2}'^2} = \sqrt{\left(\frac{F}{n \times \sin\alpha}\right)^2 + \left(\frac{T}{n \times R_2}\right)^2} \tag{4.10}$$

式中，F_a——支腿与刀盘连接处的受力；

　　F_b——支腿与连接法兰连接处的受力。

刀盘面板与连接法兰焊接后视为一个整体结构，在该结构中最大受力部位应出现在刀盘面板与支腿的焊接处或支腿与连接法兰的焊接处。根据刀盘设计的强度准则，只需将结构中的最大应力与刀盘材料的屈服极限进行比较即可，

再计及安全系数，就可以得到刀盘的强度。

$$F_{\max} = \max(F_a, F_b) \tag{4.11}$$

$$\sigma = \frac{F_{\max}}{A} = \frac{\sqrt{\left(\dfrac{F}{n \times \sin\alpha}\right)^2 + \left(\dfrac{T}{n \times R}\right)^2}}{A} \tag{4.12}$$

式中，σ——连接法兰与支腿连接处的应力；

　　　F——刀盘的法向力；

　　　T——刀盘扭矩；

　　　A——连接法兰与支腿连接处的接触面积；

　　　R——刀盘法向力最大值 $F_{\max}$ 与刀盘中心的距离。

4.2.3　刀盘刚度模型

刚度是指零件在荷载作用下抵抗弹性变形的能力。对于刀盘来说，其刚度是指刀盘处于工作状态时在轴线方向上的变形量保持在规定范围内的能力。如果在破岩时刀盘的变形量过大，就可能发生不可逆的塑性变形，进而导致刀盘遭到破坏。由于对刀盘的所有部位进行强度分析十分困难，在此仅对刀盘可能出现最大应力的位置进行研究，在刀盘强度满足要求的基础上再对刀盘的刚度进行校核，以达到符合刚度要求的目的。在工程实际中，刀盘因刚度不满足要求而失效的情况并不常见，这是因为刀盘的主体一般为框架式结构，设计时已经充分考虑了刚度要求。目前，刀盘结构一般采用主副梁式，结构简洁、刀架轻巧、刀盘面板大，便于刀具的布置，盘体的结构有利于提高岩土的流动性。刀盘结构如图 4.3 所示。

从刀盘受力情况来看，主梁主要承受掘进方向的阻力、刀具破岩时的贯入阻力、副梁通过筋板传递的支撑反力，以及切削前方岩土所需的剪切力、切削刀具的反作用力、刀盘内充满渣土时旋转而产生的摩擦阻力等。前三种力使主梁产生与掘进方向相反的弯矩，后三种力使主梁产生与刀盘旋转方向相反的扭矩，故主梁的整体变形是弯扭变形的矢量之和。由于主梁在纵向截面的抗弯截面模数非常大，对由扭矩产生的变形可忽略不计，故主要进行弯矩计算。

对主梁受力模型进行分析可知，主梁的变形是由其上正面均布荷载和集中荷载共同作用引起的。在正面均布荷载的作用下其挠度为

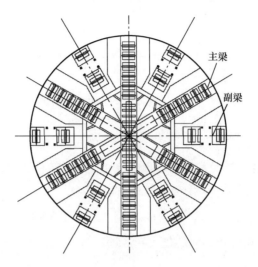

图 4.3 刀盘主副梁结构

$$\omega_q = -\frac{q\,(5l+l_1)^4}{8EI} \quad (4.13)$$

式中，ω_q——主梁在正面均布荷载作用下的挠度；

    q——主梁所受正面均布荷载的集度；

    l——主梁的长度；

    l_1——副梁的长度；

    E——主梁材料的弹性模量；

    I——主梁的惯性矩。

    固定铰支座的安装位置为支腿的安装位置，刀盘在支座右端六个集中力作用下产生的变形为

$$\omega_{Fl} = -\frac{Fl^3}{3EI} \quad (4.14)$$

$$\omega_{F2l} = -\frac{F\,(2l)^3}{3EI} \quad (4.15)$$

$$\omega_{F3l} = -\frac{F\,(3l)^3}{3EI} \quad (4.16)$$

$$\omega_{F4l} = -\frac{F\,(4l)^3}{3EI} \quad (4.17)$$

$$\omega_{F5l} = -\frac{F\,(5l)^3}{3EI} \quad (4.18)$$

$$\omega_{FL} = -\frac{F(5l+l_1)^3}{3EI} \qquad (4.19)$$

其中，ω_{Fl}，ω_{F2l}，ω_{F3l}，ω_{F4l}，ω_{F5l}，ω_{FL} 为主梁在单个集中力作用下的最大挠度。

由式（4.13）～式（4.19）可知，主梁的总变形为

$$\omega = \omega_q + \omega_F = \omega_q + \sum_{i=1}^{5}\omega_{Fil} + \omega_{FL} \qquad (4.20)$$

在对刀盘进行设计时，其变形量应该在规定的范围内。设计要求硬岩掘进机刀盘的最大变形量不超过刀盘厚度的百分之三，即

$$\omega \leqslant 0.03\delta \qquad (4.21)$$

式中，ω——刀盘在轴线方向的最大变形量；

　　　δ——刀盘厚度。

4.3　基于有限元的刀盘仿真

设刀盘直径为 6.24m，共安装有 40 把直径为 17in（432mm）的盘形滚刀。刀盘主体为条形钢板焊接结构，主要材料为 Q345 低合金高强度结构钢板。该种类型钢板厚度主要有三种，即 30mm、60mm 和 85mm。钢材 Q345 属于低碳合金钢，其主要成分及比例与 16Mn 合金钢基本相同，但其力学性能要远远优于 16Mn 合金钢。在设置材料属性时，依据刀盘长度单位（mm）和实际材料属性，弹性模量取值为 206GPa，泊松比取值为 0.3。

在刀盘仿真及网格划分过程中对滚刀、滚刀槽、刀盘条幅及焊接接缝处进行了局部细化，使关键复杂部位的分析结果更加精确。以六面体为网格单元体，划分后单元总数达到 217 831 个，如图 4.4 所示。

全断面硬岩掘进机在破岩过程中，刀盘主要受到来自岩体的掘进阻力，其中包括正面垂压力、沿滚刀边缘切线与滚刀方向反向的阻力和滚刀随刀盘旋转过程中形成的反离心力。本次仿真过程中假设刀盘正面垂直力是均匀分布的，滚刀滚动力的阻力也是线性均匀的。由于离心力引起的破岩轨迹法向反作用力数值较小，与其他两个力不在一个数量级上，本次仿真忽略不计。

为了模拟掘进机实际施工状况，在刀盘破岩仿真过程中对刀盘施加的掘进

图 4.4　刀盘有限元模型

推力分别设为 10 000kN，15 000kN，20 000kN；施加在滚刀槽上的滚刀运动阻力设置为 12MPa，17MPa，21MPa；离心力约为垂直力的十分之一，因此在每个滚刀槽侧面施加的荷载约为 1.2MPa，1.7MPa，2.1MPa。其他参数见表 4.1。

表 4.1　刀盘尺寸和材料参数

刀盘直径（m）	刀盘厚度（m）	法兰盘直径（m）	刀盘开口宽度（m）	法兰盘厚度（m）	刀盘材料	弹性模量（GPa）	密度（kg/m³）
6.24	0.45	2.99	0.425	0.13	Q345	206	7850

4.3.1　刀盘应力应变分布

当刀盘掘进推力为 10 000kN 时，范式等效应力（Von Mises 应力）分布如图 4.5（a）所示，总体应变分布如图 4.5（b）所示。当刀盘掘进推力为 15 000kN 时，范式等效应力分布如图 4.6（a）所示，总体应变分布如图 4.6（b）所示。当刀盘掘进推力为 20 000kN 时，范式等效应力分布如图 4.7（a）所示，总体应变分布如图 4.7（b）所示。

由上述分析结果可以得出：施加在刀盘表面的荷载不同，刀盘表面应力应变分布情况不同。从图 4.5～图 4.7 可以看出，刀盘旋转破岩过程中刀盘中心部位应力集中情况比较明显，越靠近刀盘边缘，旋转应力越小；同时，随着荷载的增大，刀盘应力不断增大；当刀盘掘进推力达到 20 000kN 时，刀盘上的中心滚刀应力达到 153.31MPa，小于刀盘的许用应力。刀盘中心产生应力集中现象的原因是：刀盘中心安装的滚刀最多，滚刀安装最密集（刀盘上几乎 50% 的滚刀都安装在刀盘中心区域），因此在破岩过程中刀盘中心区域受力较大。

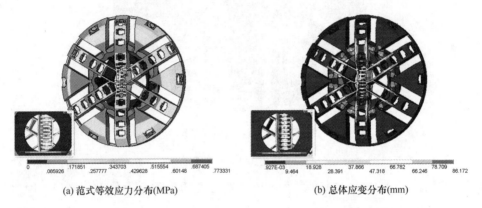

　　(a) 范式等效应力分布(MPa)　　　　　　　　(b) 总体应变分布(mm)

图 4.5　掘进推力为 10 000kN 时的应力应变分布

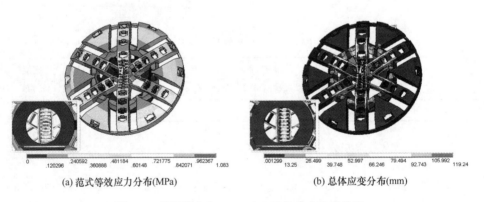

　　(a) 范式等效应力分布(MPa)　　　　　　　　(b) 总体应变分布(mm)

图 4.6　掘进推力为 15 000kN 时的应力应变分布

　　刀盘推进力越大，刀盘上的应力应变分布情况越明显。由上述分析可以看出，刀盘中心区域颜色变化最明显，即刀盘的位移量最大。当刀盘掘进推力达到 20 000kN 时，该处产生的最大位移约为 1.392mm，是该种型号掘进机刀具系统在正常施工过程中允许的变形量。根据设计要求，刀盘承受的最大荷载约为 13 000kN，由仿真结果可知，符合设计要求。

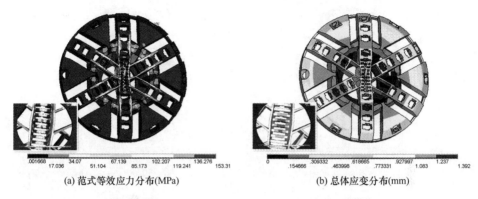

(a) 范式等效应力分布(MPa)　　　　　　　　(b) 总体应变分布(mm)

图 4.7　掘进推力为 20 000kN 时的应力应变分布

4.3.2　刀盘模态分析

硬岩隧道掘进机在施工过程中，岩石冲击对刀盘的振动对施工及刀盘的使用寿命产生很大影响。如果刀盘自身固有频率与滚刀破岩产生的冲击振动频率一致，就会产生共振现象，会对刀盘造成很大的破坏，严重时会造成掘进机施工停止。因此，需要对刀盘模态进行分析，避免刀盘在施工过程中出现共振现象。

由有限元模态分析可得刀盘 6 阶模态分析振型图，如图 4.8 所示。

模态振动是常见的刚性、弹性结构体整体的、固有的物理特性之一，该物理特性对物体的力学分析具有重要作用。振动模态分析是所有阶数振动分析的线性组合，其中最低阶振幅和最高阶振幅对物体的振动程度影响较大，低阶振幅决定了物体的振动形态。6 阶模态分析结果见表 4.2。

由表 4.2 可以看出，该型号刀盘的固有频率随阶数的增加而增大，但增加幅度并不大。由表 4.2 和各阶模态分析振型图可以得出：刀盘第 1 阶固有频率约为 31.067Hz，主要为刀盘幅面的变形和绕刀盘轴向的一定扭转，其中刀盘边缘有一定的变形，在刀盘边缘出现了最大振幅，约为 0.203 965mm，振幅从刀盘边缘至刀盘中心不断减小；第 2 阶固有频率约为 35.290Hz，刀盘主要在幅面产生变形，最大振幅处发生弯翘，振幅在靠近刀盘中心区域较大，约为 0.105 981mm，在边缘处刀盘振幅最大，约为 0.238 458mm，但最大振幅影响的区域较小；第 3 阶固有频率约为 35.532Hz，最大振幅继续增大，可达到

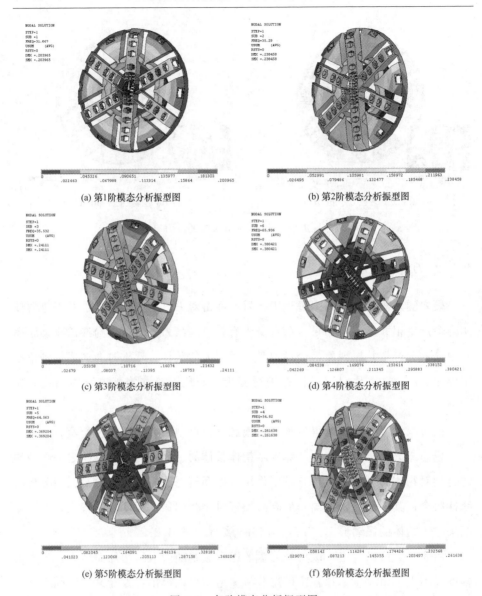

(a) 第1阶模态分析振型图　　　　　　　(b) 第2阶模态分析振型图

(c) 第3阶模态分析振型图　　　　　　　(d) 第4阶模态分析振型图

(e) 第5阶模态分析振型图　　　　　　　(f) 第6阶模态分析振型图

图 4.8　各阶模态分析振型图

0.241 11mm；第 4 阶固有频率约为 54.520Hz，在刀盘幅面内产生变形，中心区域凹翘明显，最大振幅可达 0.261 638mm，整刀最大振幅出现在刀盘边缘处，但区域有一定的改变；第 5 阶固有频率约为 54.563Hz，刀盘主要在幅面内发生变形，变形区域最大振幅可达 0.369 240mm；第 6 阶固有频率约为 65.936Hz，刀盘主要在幅面内发生变形，变形区域最大振幅可达 0.380 421mm。

表 4.2　模态分析结果

阶数	1	2	3	4	5	6
固有频率（Hz）	31.067	35.290	35.532	54.820	64.563	64.936

基于刀盘各阶固有频率对刀盘转速进行分析，并代入第 5 章中的模态速度响应公式式(5.9)，可以得出，刀盘在第 1 阶固有频率 31.067Hz 下对应的转速约为 23.5r/min，在第 2 阶固有频率 35.290Hz 下对应的转速约为 29r/min。由大直径刀盘实际施工情况可知，刀盘一般施工转速约为 6r/min[84]。随着刀盘固有频率的增大，对应的转速也增大，其中一阶频率对应的刀盘转速大于刀盘实际施工转速，因此对已设定刀盘更高阶频率所对应转速的分析显得没有必要，且刀盘不会产生共振。而已知选取刀盘转速为 6r/min，换算成边刀转速为 56.7r/min，发现角速度最大的边滚刀的转速低于临界转速，因此刀盘上其他滚刀的转速也低于临界转速，可避开共振区。这说明本次模拟的滚刀在工作过程中不会出现共振现象，正常掘进工作时滚刀振动没有对刀具系统的可靠性构成危害。

第 4 章、第 5 章分别以 17in 滚刀和直径 6.24m 的刀盘为例进行了模态分析，从滚刀和刀盘固有振动频率角度提出滚刀在刀盘上优化布置合理性的验证方法。以此类推，可分别仿真设定滚刀和刀盘的固有振动，并通过二者之间的角速度关系对刀盘设计和滚刀在刀盘上布置优化的合理性进行验证。

4.4　双滚刀破岩理论及其仿真

滚刀在刀盘上的布置对提高刀盘掘进性能、刀具寿命和刀盘大轴承寿命，减轻掘进机振动，降低噪声具有重要意义。双滚刀破岩是研究滚刀在刀盘上分布的基础，对滚刀在刀盘上的优化布置具有重要作用。在双滚刀破岩过程中，两把滚刀之间的轴向垂直距离即滚刀间距是一项重要的施工参数，直接影响破岩效率。在实际施工过程中，双滚刀破岩最优刀间距涉及滚刀贯入度、滚刀转速、刀刃几何结构及岩石自身属性等多种因素，其中滚刀间距与岩石属性对最优刀间距的影响尤为突出。因此，研究刀间距与贯入度的耦合关系，分析刀间距与岩石特征的适应性对优化滚刀在刀盘上的布置、提高掘进机破岩效率具有重要的促进作用。

4.4.1　双滚刀破岩受力情况

美国科罗拉多矿业学院的 Levent Ozdemir 等通过对岩石的大量线切割实验，于 1977 年和 1979 年提出线切割预测模型（图 4.9）[85]。该模型认为盘形滚刀首先将刀刃下面的岩石压碎，并假定刀刃侧面对岩石作用力的横向分量对相邻滚刀之间的岩脊产生剪切破碎作用。

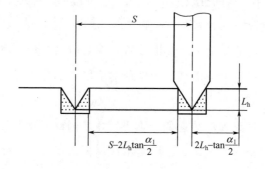

图 4.9　线切割模型

线切割模型预测的垂直力 F_N 和滚动力 F_R 为

$$F_N = D^{0.5} L_h^{1.5} \left[\frac{4}{3} \sigma_c + 2\tau \left(\frac{S}{L_h} - 2\tan\frac{\alpha_1}{2} \right) \right] \tan\frac{\alpha_1}{2} \qquad (4.22)$$

$$F_R = \left[\sigma_c L_h^2 + \frac{4\tau\phi\left(S - 2L_h\tan\frac{\alpha_1}{2}\right)}{D(\phi - \sin\phi\cos\phi)} \right] \tan\frac{\alpha_1}{2} \qquad (4.23)$$

式中，σ_c——岩石单轴抗压强度；

　　τ ——岩石抗剪强度；

　　D——盘形滚刀直径；

　　L_h——贯入度；

　　S——刀间距；

　　α_1——刀刃角；

　　ϕ——滚刀刀刃与岩石的接触角。

虽然式（4.22）和式（4.23）考虑了刀间距对相邻滚刀破岩的影响，但是并未考虑刃宽因素对滚刀受力的影响，对于近似常截面滚刀破岩受力预测存在局限性。科罗拉多矿业学院在线切割模型的基础上对滚刀破岩进行了长期的研究，经过 Sanio（1986）、Satosasba（1991，1993）、Rostami（1991，1993）等的完善，又提出了一个比较成熟的预测模型，即 CSM 模型，模型的表达式为

$$F_t = \frac{P^0 \phi RT}{1+\psi} \qquad (4.24)$$

式中，F_t——盘形滚刀受到的合力；

　　R——盘形滚刀半径；

　　T——滚刀刀刃宽度；

　　ψ——滚刀刀尖压力分布系数，随着刃宽的减小而增大，一般取
　　　　－0.2～0.2；

　　P^0——破碎区压力，与岩石强度、滚刀尺寸、刀刃形状有关，其计算公
　　　　式为

$$P^0 = C \times \sqrt[3]{\frac{S}{\phi \sqrt{RT}} \sigma_c^2 \sigma_t} \qquad (4.25)$$

式中，C——类似于 ϕ 角的无量纲系数；

　　S——刀间距；

　　σ_c——岩石单轴抗压强度；

　　σ_t——岩石抗拉强度。

滚刀破岩时的垂直力 F_N 和滚动力 F_R 的计算公式为

$$F_N = F_t \cos\left(\frac{\phi}{2}\right) = C \times \frac{\phi RT}{1+\psi} \times \sqrt[3]{\frac{S}{\phi \sqrt{RT}} \sigma_c^2 \sigma_t} \times \cos\frac{\phi}{2} \qquad (4.26)$$

$$F_R = F_t \sin\left(\frac{\phi}{2}\right) = C \times \frac{\phi RT}{1+\psi} \times \sqrt[3]{\frac{S}{\phi \sqrt{RT}} \sigma_c^2 \sigma_t} \times \sin\frac{\phi}{2} \qquad (4.27)$$

4.4.2　仿真模型建立

基于上述理论分析，以大理岩样本为例对双滚刀破岩过程进行计算机仿真，对影响破岩效率的主要因素滚刀间距进行分析。大理岩样本材料参数见表 4.3。

表 4.3　大理岩材料参数

岩样	密度 （kg/m³）	弹性模量 （GPa）	泊松比	抗压强度 （MPa）	抗拉强度 （MPa）
大理岩	2600～2900	9.62～74.83	0.19～0.29	100～250	7～20

　　设大理岩冲向滚刀的速度为 1.5m/s，因 17in 滚刀直径为 432mm，所以设置滚刀外圈角速度为 6.9r/s；考虑到滚刀在与岩石接触时并非纯滚动，所以设角速度为 7r/s。其中，预设岩石模型的几何体积与真实实验岩石的尺寸相同，为 1000mm×600mm×H（H 为岩石的高度），如图 4.10 所示。

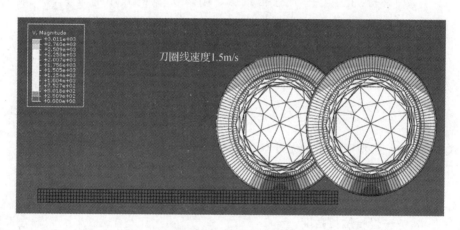

图 4.10　滚刀速度云图

4.4.3　不同刀间距的岩石破碎情况

　　为深入研究双滚刀切割大理岩样本过程中滚刀掘进效率和刀间距的关系，在上述模型基础上设定滚刀贯入度为 10mm/r，分别选定滚刀刀间距为 30mm，40mm，50mm，60mm，70mm，80mm，对大理岩样本进行双滚刀破岩仿真分析，结果如图 4.11 所示。可以看出，在贯入度一定的情况下，滚刀刀间距不同，破岩效果也不同。当刀间距为 50mm 时破岩量最大。

　　比能是滚刀破岩的重要衡量指标，为更好地对滚刀最优刀间距进行研究，首先对比能理论进行介绍。比能表示切削单位岩石体消耗的能量。刀间距增大，刀具的受力也随之增大；刀间距减小，岩石碎片尺寸变小，在恰当处能取到最低的比能。比能 SE 在破岩机理中与切削效率有很大关系，其计算公式为

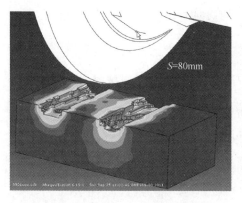

(a) 滚刀间距为80mm

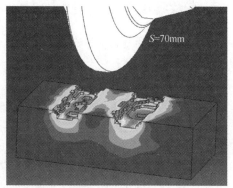

(b) 滚刀间距为70mm

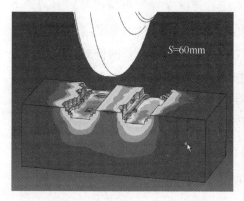

(c) 滚刀间距为60mm

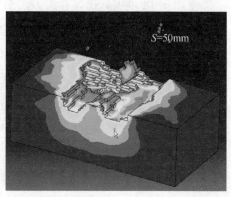

(d) 滚刀间距为50mm

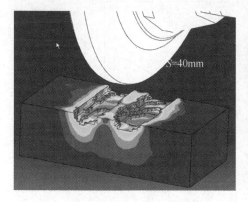

(e) 滚刀间距为40mm

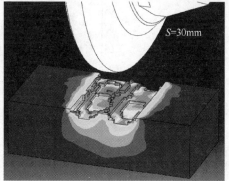

(f) 滚刀间距为30mm

图 4.11 不同刀间距时大理岩的等效塑性应变

$SE = \dfrac{F_{mr} L_c}{m_r / \rho}$，其中 F_{mr} 为破岩时滚刀的平均切向力，L_c 为滚刀的切削长度，m_r 为岩石碎片的质量，ρ 为岩石的密度。根据有限元及本模型的特点做进一步简化，$SE = \dfrac{F_{mr} L_c}{m_r / \rho} = \dfrac{F_{mr} L_c}{n_{ce} v_e}$，其中 n_{ce} 为岩石模型中因达到屈服极限消失的单元个数，v_e 为每个岩石模型单元的体积。假定 L_c 等同于岩石速度方向上的长度，之前已设岩石每 3mm 为一个节点，所以岩石模型单元体积为 $v_e = l_e^3$，其中 l_e 是岩石单元的最小长度；$F_{mr} = \dfrac{\sum F_{rc}}{N_{ce}}$，$F_{rc}$ 是某一时刻测得的切向力，N_{ce} 为测取的次数。

由图 4.12 可以看出，在滚刀切割大理岩深度 h 一定的情况下，刀间距 S 增大，比能 SE 先减小后增大，即双滚刀在切割大理岩过程中，在刀间距为 40~60mm 时存在一个最优比能，并且在这段区域比能 SE 的值对刀间距 S 的值变化敏感。刀间距 $S = 30$mm 时两把滚刀破岩时的扩展裂纹相互重合，单位体积破岩的能量叠加，此时比能 SE 偏大；当刀间距 S 刚开始增大时，每把滚刀扩展裂纹重合区域减少，破碎的大理岩成碎片状掉落，单位体积消耗的能量减小；当刀间距 S 继续增大，两把滚刀扩展的裂纹无法使大理岩成块状破碎，比能 SE 再一次增大。综上两个因素考虑，滚刀最优刀间距应位于破岩量最大和比能最低两者重合的区间。

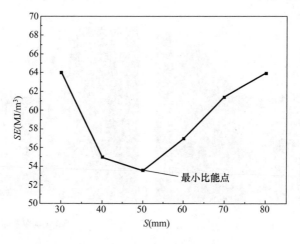

图 4.12　不同刀间距下的大理岩破碎比能 SE

4.5　滚刀间距与岩石特性的关系

4.5.1　双滚刀破岩过程的应力分布

滚刀切割岩石样本至其破碎的过程中，岩石样本的临界贯入度与峰值荷载呈对应关系。从有限元应力仿真分析得出的岩石样本应力分布图中可以看出，应力值大于抗压强度的区域岩石样本会产生裂纹或破碎，应力值小于抗压强度的区域岩石样本不会产生裂纹或破碎。在下面的仿真分析中设滚刀贯入度为固定值，只考虑双滚刀平均受力的情况，可以仅用最大量破岩的刀间距代替最优刀间距，并以不同刀间距双滚刀切割花岗岩、石灰岩、千枚岩、砾岩进行仿真，分析刀间距对破岩效率的影响。

在滚刀贯入度超过临界贯入度、实现破岩后，通过有限元分析得出上述岩石样本在双滚刀作用下的应力分布图，如图 4.13～图 4.16 所示。图中粗线为岩石样本峰值荷载等值线，即岩石样本发生破碎的临界值。等值线以内岩石样本受到的应力大于岩石样本承受的峰值荷载，岩石样本发生破碎；等值线外岩石样本的应力小于破碎临界值，岩石样本不会破碎。

由图 4.13～图 4.16 可以看出，不同类型岩石样本在贯入度一定的前提下相邻两把滚刀相互作用发生破碎时的最优刀间距不同。当两把滚刀的作用距离小于等于该距离时，两把滚刀的破碎区域会形成一个连通区域，虽然滚刀之间

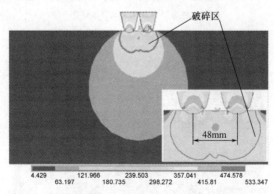

(a) 刀间距为48mm时花岗岩样本应力分布

图 4.13　花岗岩样本在不同刀间距作用下的应力分布

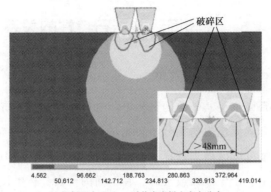

(b) 刀间距大于48mm时花岗岩样本应力分布

图4.13 花岗岩样本在不同刀间距作用下的应力分布(续)

部分岩体没有受到滚刀的直接碾压,但由于周围岩体破碎,该部分岩体也会被掘进机的刀盘刀具系统剥落下来,如图4.13~图4.16中图(a)所示。

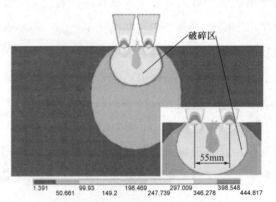

(a) 刀间距为55mm时石灰岩样本应力分布

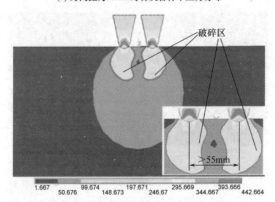

(b) 刀间距大于55mm时石灰岩样本应力分布

图4.14 石灰岩样本在不同刀间距作用下的应力分布

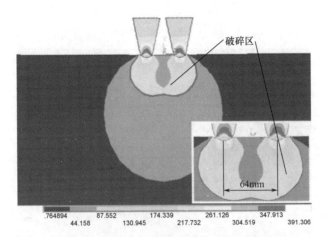

(a) 刀间距为64mm时千枚岩样本应力分布

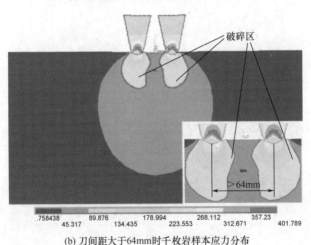

(b) 刀间距大于64mm时千枚岩样本应力分布

图 4.15　千枚岩样本在不同刀间距作用下的应力分布

　　若刀间距大于该最优距离，相邻两把滚刀作用在岩石上时，破碎区只出现在滚刀侵入岩石部分的正下方，两个破碎区域并无连带关系，两个相对独立的破碎区域之间的岩石受到的力并没有达到岩石破碎的峰值荷载，所以相邻两把滚刀中间的部分岩体并不会脱落，如图 4.13～图 4.16 中图（b）所示。对比图 4.13（a，b）～图 4.16（a，b）可知，当两把滚刀刀间距达到最优距离时，单位作用力下破岩效率达到最高[86]。

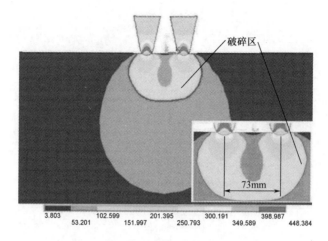

(a) 刀间距为73mm时砾岩样本应力分布

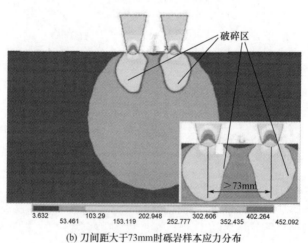

(b) 刀间距大于73mm时砾岩样本应力分布

图 4.16　砾岩样本在不同刀间距作用下的应力分布

4.5.2　不同岩石对刀间距的适应性

图 4.17～图 4.20 为上述四种岩石样本的不同切割刀间距与破碎量的关系曲线，可以看出：当相邻两把滚刀的刀间距趋于零时，相当于相邻两把滚刀重复碾压同一位置，此时破碎面积会有所增大，但滚刀的再次滚压更多的作用是使先前破碎的岩块更加粉碎，破岩效率不会提高，因此破碎面积只是略大于单把滚刀侵入岩石样本时的破碎面积。随着刀间距的不断增大，岩石样本在相邻

两把滚刀间的破碎面积不断增大，但此时相邻两把滚刀的破碎面积会有重叠，在达到最优刀间距之前会有部分破岩能量遭到浪费，相邻滚刀间没有出现连通区域，此时破岩效果并不能达到最优。当相邻两把滚刀的刀间距接近最优刀间距时，相邻滚刀之间的岩石样本开始出现连通区域。当刀间距达到最优间距时，滚刀间的连通区域也达到最大值，即岩体在两把滚刀的作用下破碎面积达到最大，此时两把滚刀间未受到碾压，破岩效率达到最高。

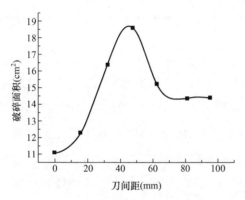

图 4.17　花岗岩刀间距与破碎面积关系曲线

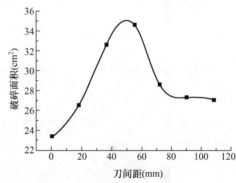

图 4.18　石灰岩刀间距与破碎面积关系曲线

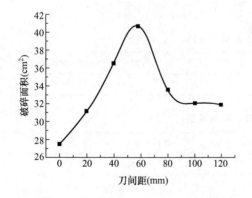

图 4.19　千枚岩刀间距与破碎面积关系曲线

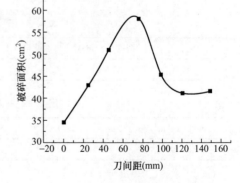

图 4.20　砾岩刀间距与破碎面积关系曲线

上述分析表明，在滚刀贯入度一定的情况下，双滚刀切割每种岩石样本时都存在一个最优刀间距。通过以上仿真可得出花岗岩、石灰岩、千枚岩、砾岩的最优刀间距，见表 4.4。当两把滚刀的距离大于该最优刀间距时，在破碎区域将出现岩脊；小于最优刀间距时，会产生过度破碎，大大降低了滚刀破岩效率及使用寿命。因此，确定不同岩石样本的最优刀间距，对岩石样本在相应最优刀间距作用下的应力分布开展研究，对确定滚刀在刀盘上的布置具有重要意义。

表 4.4　岩石样本破碎最优刀间距

岩石种类	花岗岩	石灰岩	千枚岩	砾岩
最优刀间距（mm）	49.2	52.3	60.5	71.9

4.5.3　岩石对不同刀间距的适应性实验

上文提到确定最优滚刀刀间距是滚刀在刀盘上布置的重要依据，也是全断面硬岩掘进机高效破岩的保障。为进一步研究刀间距对滚刀破岩效率的影响，本节充分利用研制的实验台双滚刀刀间距可调的实验功能和刀具受力检测系统，以切割花岗和千枚岩样本为例进行实验研究。

在滚刀切割岩石样本实验中，仍以 17in 滚刀为例。实验样岩选取芝麻黑花岗岩 G654 和粉砂质沉积千枚岩 PY102，尺寸均为 1500mm × 800mm × 400mm。实验样岩直接放入试件台内，样岩在无初始应力条件下完成双滚刀的被动切割。具体材料参数见表 4.5、表 4.6。破岩效果如图 4.21 所示。

表 4.5　千枚岩材料参数

名称	密度(kg/m³)	弹性模量(GPa)	泊松比	抗压强度(MPa)	内摩擦角(°)
千枚岩	1700	10	0.25	129	30

表 4.6　花岗岩材料参数

密度(kg/m³)	抗压强度(MPa)	抗拉强度(MPa)	弹性模量(MPa)	泊松比
2640	167.5	18.6	67 000	0.21

在对花岗和千枚岩样本进行不同刀间距双滚刀切割的实验中，保持滚刀滚压速度为 1.5m/s，滚刀贯入度为 10mm/r 不变，双滚刀 Y 向间距 160mm 不变，分别设定双滚刀 X 向刀间距按照 10mm 递增，从 20mm 增至 80mm。利用液压缸内置的压力传感器对不同刀间距破岩时双滚刀的平均受力进行检测。图 4.22 所示为设定的不同刀间距下双滚刀平均受力情况。

图 4.21　双滚刀切割花岗岩和千枚岩的效果

由图 4.22 可以看出，在切割花岗岩和千枚岩样本过程中，随着滚刀刀间距的逐步增大，双滚刀的平均受力呈阶段变化形式。在切割花岗岩过程中，滚刀受力曲线前半段即滚刀刀间距较小时岩石样本形成过渡破碎，滚刀平均受力约为 3.65kN。当滚刀刀间距不断增大，至滚刀受力曲线后半段，即破岩形成岩脊，两把滚刀破碎区域没有相互作用时，滚刀平均受力约为 4.52kN。由滚刀受力曲线可以看出，滚刀受力阶跃变化区域对应的刀间距为 46～54mm。双滚刀在切割千枚岩过程中，刀间距较小时，滚刀平均受力约为 2.93kN。当滚刀刀间距不断增大，至滚刀受力曲线后半段时，滚刀平均受力约为 3.81kN。

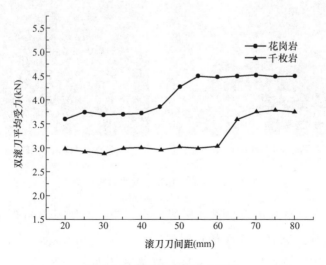

图 4.22　双滚刀平均受力情况

滚刀受力阶跃变化区域对应的刀间距为 60~65mm。

　　分析以上实验数据可以得出，当滚刀间距过小时岩石样本出现过渡破碎，两把滚刀破碎区域产生重叠域，此时每把滚刀的平均受力较小；当滚刀间距逐渐增大，破碎重叠区域减小；当刀间距逐渐增大至最优刀间距（两把滚刀破碎区域刚刚无重叠）时，岩石样本裂纹达到最大的扩张，岩石样本破碎释放的能量达到最大，由于岩石属于硬脆性材料，滚刀受力出现阶跃增大现象；当滚刀间距继续增大，两把滚刀不会再出现过渡破碎，破碎区域不会发生重叠，所以每把滚刀的平均受力不会减小，将保持基本不变的趋势。由上述仿真结果得出花岗岩的最优刀间距为 49.2mm，千枚岩的最优刀间距为 60.5mm。两种岩石样本最优刀间距仿真结果均在实验获得的最优刀间距范围内，理论与实验结果相吻合，说明滚刀破岩的最优刀间距在滚刀平均受力值阶跃变化区间对应的刀间距范围内。

　　对花岗岩和千枚岩样本破碎后形成的岩渣进行收集及称重，测出花岗岩样本和千枚岩样本在不同刀间距下的破碎量，如图 4.23 所示。

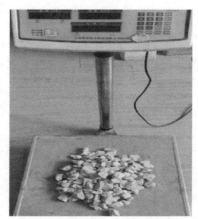

(a) 花岗岩样本破碎岩渣　　　　　　　　(b) 千枚岩样本破碎岩渣

图 4.23　双滚刀作用下的岩石样本称重

　　可以得出，在双滚刀切割花岗岩的过程中，当滚刀刀间距为 40mm 时，花岗岩产生过渡破碎，破碎的花岗岩岩渣质量为 5.59kg；当滚刀刀间距为 50mm 时，破碎岩渣质量为 6.58kg，破岩效果明显增强；当滚刀刀间距为 60mm 时，破碎岩渣质量为 6.37kg，岩石样本破碎量有所降低。由千枚岩实验破碎曲线可知，当滚刀刀间距为 50mm 时，破碎的千枚岩岩渣质量约为 7.01kg，可以看出千枚岩产生过渡破碎；当滚刀刀间距为 60mm，破碎岩渣质量为 7.92kg，破岩效果明显增强；当滚刀刀间距为 70mm 时，破碎岩渣质量为 7.73kg，岩石样本破碎量有所降低。双滚刀作用下两种岩石样本的破碎情况如图 4.24 所示。

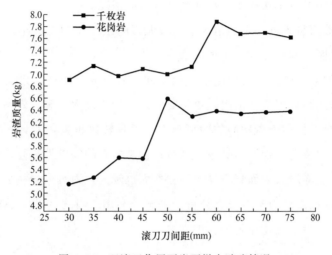

图 4.24　双滚刀作用下岩石样本破碎情况

由实验结果可以得出，双滚刀切割花岗岩过程中，当滚刀间距在 50mm 左右范围内，花岗岩破碎量最大，破岩效率最高，该范围恰在双滚刀切割花岗岩受力阶跃变化区域内，与理论仿真结果基本一致；双滚刀切割千枚岩过程中，当滚刀间距在 60mm 左右范围内，千枚岩破碎量最大，破岩效率最高，该范围在双滚刀切割千枚岩受力阶跃变化区域内，与理论仿真结果基本一致。

4.6　小　　结

本章分别建立了刀盘力学模型、双滚刀破岩力学模型；分析了刀盘失效形式，对滚刀在刀盘上的布置进行了理论分析，提出了滚刀布置方法；应用有限元对刀具应力、应变及刀盘模态进行了仿真分析；基于不同刀间距对岩石的破碎情况及对岩石的适应性进行了分析。实验研究表明：

1) 在破岩过程中，应力最大的位置出现在滚刀刀圈外侧与岩体接触的位置；岩体破碎区域出现在滚刀刀圈压入岩体的正下方，并向四周扩展；不同岩石种类在相同荷载作用下，破碎区域的面积大小不同，岩石强度越高破碎区域面积越小，岩石强度越低破碎区域面积越大。

2）在刀盘的中心位置出现应力和应变最大值；随着掘进机荷载的增大，应力和应变增大；刀盘系统正常工作时振动频率远远大于掘进机实际工作中的转速，说明掘进机工作中不会出现振动过大的情况。

3）在滚刀贯入度一定的情况下，增大刀间距，比能先减小，达到最小值后增大，说明刀间距存在一个最优值。

4）不同类型的岩石刀间距最优值不同，岩石强度越高，刀间距最优值越小。只有刀间距等于最优值时，单位时间破岩量才最大，破岩效率最高。

5）刀具刀位离刀盘中心的距离越大，刀具转速越大，刀具外缘应力交变次数越多，刀位上消耗的刀具数量越多；掘进岩石的完整性越高，岩石内部结合力越大，去除岩层表面岩石需要的去除力也越大，刀具磨损越多。

6）根据滚刀和刀盘的模态分析，提出了利用二者之间的关系验证刀盘设计和滚刀在刀盘上优化布置的合理方法。

第5章　岩石节理和滚刀速度对滚刀破岩的影响

节理是岩石内部存在的微小的裂隙，这些裂隙对岩石裂纹的扩展有一定影响，从而影响滚刀的破岩效率。在 TBM 运行过程中，岩石对滚刀的反作用使滚刀产生一定的磨损，从而影响滚刀的寿命，间接影响施工效率和地下工程的工期、成本。本章首先通过建立盘形滚刀破岩模型分别模拟滚刀对不同节理倾角和节理间距岩石破岩的过程，阐述节理倾角和节理间距对岩石破碎效果的影响；其次，对滚刀的运行速度与滚刀刀盘的旋转和前进速度的关系进行分析总结；最后，通过相关实验进行验证和分析。

5.1　盘形滚刀破岩

5.1.1　滚刀破岩机理

全断面硬岩掘进机在掘进过程中，与开挖面接触的是滚刀，滚刀在刀盘推力的作用下侵入岩体，对岩体结构形成破坏，在刀盘旋转力的作用下对岩石形成剪切和挤压，使岩体形成圆周性破碎。滚刀破岩示意图如图 5.1 所示。

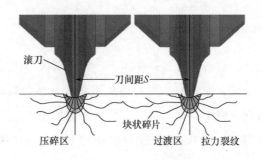

图 5.1　滚刀破岩示意图

由于岩石在自然界中受力情况复杂，很难断定岩石是由哪几种应力共同作用导致的破碎。目前常采用三种模型理论：一是楔块在力的作用下使岩石产生剪切破坏；二是岩石在楔块的作用下产生径向裂纹，裂纹扩展到岩体自由表面，或者裂纹间的相互交错连接使岩石产生破碎；三是盘形滚刀在破岩过程中，岩石的破碎一般是由挤压破坏、剪切破坏及裂纹扩展张拉破坏共同导致的，单用一种强度理论很难全面地对岩石破碎的形成进行解释[87]。

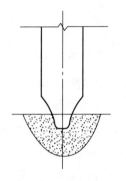

图5.2　挤压破岩机理示意图

1. 挤压破岩机理

滚刀施加给岩石的挤压力超过岩石的抗压强度，从而岩体产生破碎，破碎区域仅在滚刀侵入岩体的周围，如图 5.2 所示。这种破岩机理与压头侵入岩石的破岩机理极其相似，因此在计算破岩力时可以参照压头侵入岩石理论进行分析。

2. 挤压与剪切破岩机理

这种破岩理论认为岩石在破碎过程中滚刀造成岩石挤压和剪切两种破碎形式。在滚刀垂直力的作用下，刀刃的正下方形成挤压破碎区域，并形成密实核。另外，由于滚刀侧向力的作用，岩石在刀刃侧面形成近似三角形的破碎区域，此处的破碎区域由滚刀的剪切力引起。挤压与剪切破岩机理如图 5.3 所示。一些资料提出，楔块在破岩过程中，岩石内部的节理、层理、微小裂纹及应力集中等结构缺陷对滚刀破岩过程中岩石的破坏形式起着重要的作用[88]。

3. 挤压与张拉破岩机理

这种破岩机理认为岩石在滚刀的作用下产生了两种形式的破碎。一种是在滚刀刀刃的正下方区域，滚刀的挤压力造成岩石的压溃，随着挤压力的增大，正下方的破碎区域逐渐密实，这一过程和挤压与剪切破岩机理相同。另一种形式则是，在滚刀两侧面由滚刀通过刀刃的侧面和下端的密实核区域将能量传递给相邻的岩石，使相邻区域的岩石产生竖向和侧向裂纹，随着裂纹逐步向自由面扩展或者裂纹间相互交错，最终形成断裂体，如图 5.4 所示。

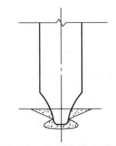 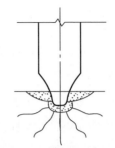

图 5.3　挤压与剪切破岩　　　　图 5.4　挤压与张拉破岩

机理示意图　　　　　　　　机理示意图

5.1.2　岩石破碎过程

岩石在破碎时先在结构内部发生应力、应变的变化，滚刀作用在岩石上的力大于岩石能承受的拉压强度后，岩石开始发生宏观上的变化。就滚刀破岩而言，从宏观上来讲，在滚刀的作用下岩石内部产生能量的聚集，岩石表面首先发生变形；随着作用力的增大，内部能量集聚增加，引起的变形量也增加；当作用力达到一定值后，就会引起滚刀接触区域岩石的破碎。

在滚刀破岩的过程中，岩石的破碎断裂还取决于其内部结构是否含有裂隙，因此为了更好地研究岩石破坏机理，还需从微观角度研究考察裂隙的变化。

岩石的细观组织结构如图 5.5 所示。

图 5.5　岩石的细观组织结构

岩石在滚刀的作用下变形超过其弹性极限后则表现出明显的非弹性变形。一般认为，岩石产生的非弹性变形主要是由岩石内部的裂纹、孔隙被压实后重新扩展和岩石内部由于缺陷形成的应力集中造成的。

为更好地了解岩石破碎过程及其内部的微观变化，从以下几个角度描述岩石的细观破碎过程。

1. 岩石微裂纹的尺寸

在光学显微镜下，观察岩石内部微裂纹的尺寸发现，其与岩体晶粒大小基本一致，而在电子显微镜下看到的岩体内部微裂纹的尺寸与岩体晶粒相比小了近 9/10。在弹性变形的初始阶段，微裂纹主要沿晶界边缘分布。而在一些内部结构松散的岩石中，岩石晶体断裂裂纹的形成主要是由于其内部结构中存在大量的微孔洞，这些微孔洞在低应力下产生应力集中，并相互贯通。红砂岩为常见的含有孔隙的岩石，此类岩石内部接近 3/10 的晶粒边界和结晶面存在微孔隙。在外力作用下岩石产生变形时可将岩体内的微裂纹尺寸与晶粒尺寸视为一致。

2. 岩石微裂纹的方位

岩石内部的微裂纹具有一定的方向性，它是岩石受到压力、张力、扭性结构力后各种形态特征的综合反映，其最终结果是应力作用的产物。在单轴压应力作用下，内部的微裂纹以轴向微裂纹为主。在非弹性变形阶段初期，新产生的微裂隙与加载轴向之间的夹角为 $150°\sim300°$；在非弹性变形阶段的中后期，岩石内部的微裂纹具有轴向发展的趋势，在轴向上裂隙之间相互交汇贯通，形成几条亚微长裂纹，而在长裂纹延伸方向以外的微裂纹长度不再变化。例如，在单轴应力作用下的砂岩，在微裂纹生成的过程中，大多数微裂纹向着轴向应力方向聚集。

3. 岩石微裂纹的分布密度

由于在岩石生成过程中各种自然因素的影响，岩石内部结构中随机存在着大量长度大多小于 0.5mm 的微裂纹。在岩石内部，不同长度的微裂纹数目随着轴向应力的增大在一定程度上都有所增加，而且增加速度随着应力的增大而变得越来越快。大量的研究发现，随着轴向应力的增大，在轴向应力作用位置附近的微裂纹数量都有所增加，但轴向应力较大角度的裂纹数量要比轴向应力较小角度的裂纹数量增长得快。由此可以进一步得出，随着轴向应力的不断增大，岩石内部产生的大量微孔洞的方向与轴向应力方向基本平行。对于存在宏观裂纹的岩石而言，在外力作用下宏观裂纹尖端将产生一个微裂纹网络（或者说损伤区），随着外力的不断增大，微裂纹网络的区域也不断增大，同时伴随着微裂纹的分叉增加。通过以上分析可以得出，岩石非弹性变形和内部的微观破坏特性主要体现在：微裂纹尺寸与晶粒尺寸基本相同；岩石内部的微裂纹以轴向微破裂为主，它的产生主要是由应力作用引起的；岩石内部基本没有宏观塑性变形区产生。根据上述观察结果，在建立岩石损伤模型时可作如下假设：①以弹性损伤代替岩石损伤；②以应力应变状态的函数表示损伤演化。

5.1.3　滚刀破岩过程的模态分析

1. 滚刀实体模型

刀具系统失效是全断面硬岩掘进机失效的主要形式，而滚刀的失效又是刀具系统失效的主要形式。全断面硬岩掘进机在极其恶劣的条件下工作，承受很大的工作荷载，滚刀必须在巨大的压力和强烈的振动下正常运转并破岩[89]。因此，研究滚刀在掘进过程中的受力、变形和振动将有助于了解影响滚刀磨损的主要因素及这些影响因素的特性与作用机理，这对于提高掘进机刀具系统的掘进效率、延长使用寿命、提高可靠性具有重要意义，同时也对优化滚刀结构、降低生产成本、提高经济效益起到推动作用。

模型的建立以 17in 滚刀为例，滚刀的刀圈结构形式及刀刃示意图如图 5.6所示。

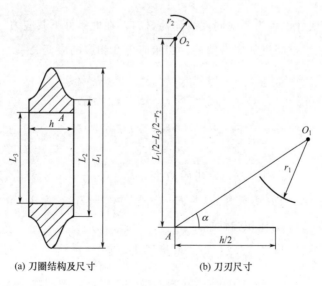

(a) 刀圈结构及尺寸　　　　　　　(b) 刀刃尺寸

图 5.6　刀圈及刀刃尺寸示意图

在实体模型中滚刀的设计参数见表 5.1。

表 5.1　滚刀设计参数

刀圈外径 L_1 （mm）	刀刃径 L_2 （mm）	刀圈内径 L_3 （mm）	刀圈轴度 h （mm）	刀刃弧度半径 r_1 （mm）	刀刃角半径 r_2 （mm）	刀刃径厚 AO_1 （mm）	刀刃弧度角 α （°）
432	302	232	80	194	85	58	41.5

在实体模型中滚刀所用材料的主要力学参数见表 5.2。

表 5.2　滚刀材料力学参数

组件	材料类型	密度 （kg/m³）	弹性模量 （GPa）	泊松比	屈服应力 （GPa）	剪切模量 （GPa）
芯轴	钴高速钢 M42	7850	209	0.3	—	—
刀体	钴高速钢 M35	7830	207	0.3	—	—
刀圈	高速钢 W18Cr4V	8490	180	0.31	0.9	0.445

由于此次仿真重在分析刀圈受力和岩石样本破碎情况的关系，所以在建模过程中只保留了刀圈、刀体、芯轴及岩石部分。

2. 刀圈力学模型

刀圈的属性设置为各向同性线弹性材料，在此条件下其应力、应变关系为 $\sigma = E\varepsilon$，在三维空间里其应力偏量、初始应力和相应的应变关系可表示为

$$\begin{cases} \sigma_x - \sigma_0 = 2G(\varepsilon_x - \varepsilon_0), \tau_{xy} = G\gamma_{xy} \\ \sigma_y - \sigma_0 = 2G(\varepsilon_y - \varepsilon_0), \tau_{yz} = G\gamma_{yz} \\ \sigma_z - \sigma_0 = 2G(\varepsilon_z - \varepsilon_0), \tau_{zx} = G\gamma_{zx} \end{cases} \tag{5.1}$$

$$\sigma_0 = 3K\varepsilon_0 \tag{5.2}$$

其中，$\varepsilon_0 = (\varepsilon_x + \varepsilon_y + \varepsilon_z)/3$，为初始应变；$\sigma_0 = (\sigma_x + \sigma_y + \sigma_z)/3$，为初始应力；$G = E/2(1+\nu)$，为剪切模量；$\lambda = E\nu/(1+\nu)(1-2\nu)$，为 Lame 弹性常数；$K = E/3(1-2\nu)$，为体积弹性模量。

将式（5.1）与式（5.2）写成增量形式，有

$$\begin{cases} \Delta\sigma_x = \Delta\sigma_0 + 2G(\Delta\varepsilon_x - \Delta\varepsilon_0), \Delta\tau_{xy} = G\Delta\gamma_{xy} \\ \Delta\sigma_y = \Delta\sigma_0 + 2G(\Delta\varepsilon_y - \Delta\varepsilon_0), \Delta\tau_{yz} = G\Delta\gamma_{yz} \\ \Delta\sigma_z = \Delta\sigma_0 + 2G(\Delta\varepsilon_z - \Delta\varepsilon_0), \Delta\tau_{zx} = G\Delta\gamma_{zx} \end{cases} \tag{5.3}$$

$$\Delta\sigma_0\sigma_0 = 3K\Delta\sigma_0\varepsilon_0 \tag{5.4}$$

其中，$\Delta\varepsilon_0 = (\Delta\varepsilon_x + \Delta\varepsilon_y + \Delta\varepsilon_z)/3$，为初始应变增量；$\Delta\sigma_0 = (\Delta\sigma_x + \Delta\sigma_y + \Delta\sigma_z)/3$，为初始应力增量。

应力应变递推关系式为

$$\begin{cases} \sigma_i^{n+1} = \sigma_i^n + \Delta\sigma_i^n \\ \varepsilon_i^{n+1} = \varepsilon_i^n + \Delta\varepsilon_i^n \end{cases} \tag{5.5}$$

滚刀在工作过程中主要受到正压力 F_V 和切向力 F_R 的作用，侧向力很小，可以忽略不计。滚刀受到的正压力 F_V 为

$$F_V = D^{\frac{1}{2}} h^{\frac{3}{2}} \left[\frac{4}{3}\sigma_c + 2\tau\left(\frac{S}{h} - 2\tan\frac{\alpha}{2}\right) \right] \tan\frac{\alpha}{2} \tag{5.6}$$

切向力 F_R 为

$$F_R = F_V \tan\beta \tag{5.7}$$

$$\tan\beta = \frac{(1-\cos\varphi)^2}{\varphi - \sin\varphi\cos\varphi} \tag{5.8}$$

以上式中，D——刀具直径；

$\quad\quad\quad h$——滚刀切入岩石的深度；

$\quad\quad\quad \sigma_c$——岩石单轴抗压强度；

$\quad\quad\quad \tau$——岩石无侧限抗剪强度；

$\quad\quad\quad S$——刀间距；

$\quad\quad\quad \alpha$——滚刀刃角；

$\quad\quad\quad \varphi$——滚刀接岩角。

3. 模态分析结果

全断面硬岩掘进机开挖隧道时，在刀圈和岩石接触区应力最大，这种现象显示刀圈外侧是容易磨损的区域，也是影响刀具系统可靠性的一个重要因素。由于待开挖隧道地质条件复杂和岩石材料的非均匀性，滚刀在破岩过程中会出现振动现象，这种振动会降低刀具系统的可靠性，尤其是出现共振时，对刀具

系统的可靠性造成很大的危害。

　　模态是结构的固有振动特性，每一阶模态都具有特定的固有频率、阻尼比和模态振型。理论上，任何物体都有 6 个刚体自由度（3 个平移自由度和 3 个转动自由度），没有任何约束时做模态分析，会有 6 个零频率，分别对应这 6 个自由度。对物体进行 6 阶模态分析，可以查看其全部运动状态下的固有频率，如图 5.7 所示。对滚刀模型 6 阶模态进行分析，可找出滚刀在各种施工状态时的固有频率，避免滚刀施工中产生共振，延长其使用寿命。

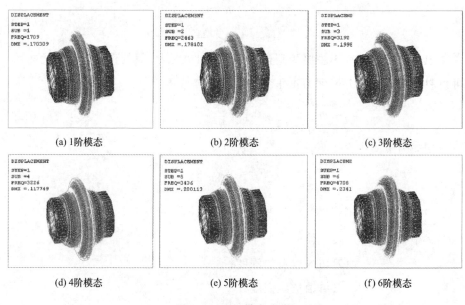

(a) 1阶模态　　　　　　　　(b) 2阶模态　　　　　　　　(c) 3阶模态

(d) 4阶模态　　　　　　　　(e) 5阶模态　　　　　　　　(f) 6阶模态

图 5.7　滚刀模态分析

　　表 5.3 所示为各阶模态的频率，可以看出，滚刀的固有频率随阶数的增加而增大，且增大幅度较大。振动模态是弹性结构体固有的、整体的特性，结构的振动可视作各阶固有振型的线性组合。对于滚刀这种结构简单的结构体来说，低阶振型相对于中阶和高阶振型对结构的动力影响更大，低阶振型决定了结构的振动形态。

表 5.3　滚刀各阶模态的频率

阶次	1	2	3	4	5	6
频率（Hz）	1708.9	2463.1	3192.0	3225.7	3436.1	4707.6

在滚刀材质及刚度确定的情况下，滚刀破岩过程中产生的振动主要由滚刀破岩速度引起，即由滚刀的线速度决定，因此为了避开滚刀各阶固有模态的振动频率，防止滚刀破岩时产生共振破坏，以滚刀 6 阶模态频率值为依据对滚刀速度进行精确控制。

滚刀在刀盘表面均匀分布，在刀盘转动驱动作用下以同心圆轨迹进行滚压破岩，因此距离刀盘中心越近的滚刀线速度越小，距离刀盘中心越远的滚刀线速度越大。

以第 4 章中直径为 6.24m 的米字形刀盘为例，代入模态速度响应公式，即

$$\eta_i'' + 2\zeta\omega_i\eta_i' + \omega_i^2\eta_i = \phi_i^{\mathrm{T}} f(t) \tag{5.9}$$

式中，ω_i——滚刀角速度；

　　　η_i——模态频率；

　　　ζ——模态阻尼比；

　　　ϕ_i^{T}——初始正则模态；

　　　$f(t)$——协响应函数；

　　　η_i'、η_i''——η_i 的一阶导数和二阶导数。

可以得出，滚刀 1 阶固有频率对应的滚刀角速度约为 154r/min，2 阶固有频率对应的滚刀角速度约为 217r/min，3 阶固有频率对应的滚刀角速度约为 463r/min，4 阶固有频率对应的滚刀角速度约为 509r/min，5 阶固有频率对应的滚刀角速度约为 522r/min，6 阶固有频率对应的滚刀角速度约为 563r/min。

5.2　岩石节理特征对滚刀破岩的影响

5.2.1　岩石力学模型

建立岩石破碎本构关系，首先要通过等效性假设实验了解破碎变量 ω 与应力 σ 和应变 ε 之间的关系。等效性假设主要分为以下三种。

1. 应力等效假设

对于脆性材料，在真实应变 ε 作用下，破碎状态下的应力等效于有效应变

$\tilde{\varepsilon}$ 作用下虚拟的未破碎应力。真实破碎状态的应力、应变关系为 $\sigma = \tilde{E}\varepsilon$，虚拟未破碎状态下的应力、应变关系为 $\sigma = E\tilde{\varepsilon}$，所以

$$\tilde{\varepsilon} = \frac{\tilde{E}}{E}\varepsilon \tag{5.10}$$

若用 $\tilde{E}$ 表示破碎程度，可导出有效应变 $\tilde{\varepsilon}$ 与真实应变 ε 之间的关系为 $\tilde{\varepsilon} = \psi\varepsilon$ 或 $\tilde{\varepsilon} = (1-\omega)\varepsilon$。

2. 应变等效假设

假设施加在岩体上的有效应力可以使岩体发生形变，因此只要将其中的应力 σ 替换为有效应力 $\tilde{\sigma}$ 即可。有效应力可以定义为

$$\tilde{\sigma} = \frac{\sigma}{1-\omega} \tag{5.11}$$

所以一维弹性无损伤本构关系可以表示为

$$\varepsilon = \frac{\tilde{\sigma}}{E} = \frac{\sigma}{(1-\omega)E} \tag{5.12}$$

3. 弹性等效假设

若设弹性应变能量密度 $\phi(\tilde{E}, \varepsilon)$ 与虚拟未破碎状态弹性应变能量密度 $\phi(E, \tilde{\varepsilon})$ 相等，即

$$\frac{1}{2}\tilde{E}\varepsilon^2 = \frac{1}{2}E\tilde{\varepsilon}^2 \tag{5.13}$$

同时，对破碎的弹脆性材料，可设弹性应力能量密度 $\Psi(\tilde{E}, \varepsilon)$ 和虚拟未破碎状态的弹性应力能量密度 $\Psi(E, \tilde{\varepsilon})$ 相等，则有

$$\frac{1}{2}\times\frac{\sigma^2}{\tilde{E}} = \frac{1}{2}\times\frac{\tilde{\sigma}^2}{E} \tag{5.14}$$

最终可求得

$$\tilde{\sigma} = E\tilde{\varepsilon} \tag{5.15}$$

4. 盘形滚刀破岩模型

岩石在盘形滚刀的作用下首先进入弹性变形阶段，此时采用应力应变的线弹性关系建立岩石在弹性阶段的本构模型。此模型主要包括三个平衡微分方

程、六个几何方程和六个物理方程。在方程组中有六个应力分量、六个应变分量和三个位移分量[89]。

平衡微分方程：

$$\begin{cases} \dfrac{\partial \sigma_x}{\partial x} + \dfrac{\partial \tau_{yx}}{\partial y} + \dfrac{\partial \tau_{zx}}{\partial z} + F_x = 0 \\[2mm] \dfrac{\partial \sigma_y}{\partial y} + \dfrac{\partial \tau_{zy}}{\partial z} + \dfrac{\partial \tau_{xy}}{\partial x} + F_y = 0 \\[2mm] \dfrac{\partial \sigma_z}{\partial z} + \dfrac{\partial \tau_{xz}}{\partial x} + \dfrac{\partial \tau_{yz}}{\partial y} + F_z = 0 \end{cases} \tag{5.16}$$

几何方程：

$$\begin{cases} \varepsilon_x = \dfrac{\partial u}{\partial x},\ \varepsilon_y = \dfrac{\partial v}{\partial y},\ \varepsilon_z = \dfrac{\partial w}{\partial z} \\[2mm] \gamma_{yz} = \dfrac{\partial w}{\partial y} + \dfrac{\partial v}{\partial z} \\[2mm] \gamma_{zx} = \dfrac{\partial u}{\partial z} + \dfrac{\partial w}{\partial x} \\[2mm] \gamma_{xy} = \dfrac{\partial v}{\partial x} + \dfrac{\partial u}{\partial y} \end{cases} \tag{5.17}$$

物理方程：

$$\begin{cases} \varepsilon_x = \dfrac{1}{E}[\sigma_x - \nu(\sigma_y + \sigma_z)] \\[2mm] \varepsilon_y = \dfrac{1}{E}[\sigma_y - \nu(\sigma_z + \sigma_x)] \\[2mm] \varepsilon_z = \dfrac{1}{E}[\sigma_z - \nu(\sigma_x + \sigma_y)] \\[2mm] \gamma_{yz} = \dfrac{2(1+\nu)}{E}\tau_{yz} \\[2mm] \gamma_{zx} = \dfrac{2(1+\nu)}{E}\tau_{zx} \\[2mm] \gamma_{xy} = \dfrac{2(1+\nu)}{E}\tau_{xy} \end{cases} \tag{5.18}$$

以上式中，σ_x，σ_y，σ_z——正应力在 x，y，z 方向的分量；

τ_{yz}，τ_{zx}，τ_{xy}——剪应力在 yz，zx，xy 方向的分量；

ε_x，ε_y，ε_z——正应变在 x，y，z 方向的分量；

γ_{yz}，γ_{zx}，γ_{xy}——剪应变在 yz，zx，xy 方向的分量；

F_x，F_y，F_z——单位体积力沿 x，y，z 方向的分量；

E——弹性模量；

ν——泊松比。

5.2.2　仿真建模

滚刀在 TBM 破岩过程中与岩石直接接触，其材料属性决定了 TBM 的破岩效率及滚刀的使用寿命。因此，为提升滚刀的刚度、硬度、屈服强度等性能，需要有良好的加工工艺控制滚刀制作过程中碳化物的分布。在破岩过程中，由于滚刀在切割岩石时受到岩石的反作用力，滚刀承受周期性冲击荷载。在外荷载及岩石与滚刀之间的摩擦力的共同作用下，滚刀长期承受周期性冲击和弯曲荷载，从而产生开裂和磨损。为更好地保证滚刀的耐磨性和硬度，在滚刀加工过程中对滚刀进行等温淬火和碳化物弥散。在常用的滚刀中，滚刀材料多为合金材料，其中主要金属元素有 Mo、Cr 和 Ni。进口的刀圈材料多为 H13 和 40CrNiMo，其硬度分别为 55HRC 和 50HRC。国产的滚刀材料多为 9Cr2Mo，其硬度为 50～58HRC，有效淬硬层厚度≥10mm，因此 9Cr2Mo 材料符合滚刀刀圈的性能要求，从而既能降低成本，又能提高国产化比重。滚刀破岩仿真过程中选择常用的 17in 盘形滚刀，刀圈直径为 432mm，刀圈厚度为 80mm，刀体直径为 232mm。在破岩过程中，未与岩石直接接触的其他部件如刀轴、卡环等不在仿真模型中体现。

在研究节理特征对滚刀破岩的影响时，选择大理岩作为待破岩石。假设待切割岩石的材料属性均匀，且各向同性，具有连续、小变形材料的特性，根据岩石节理间距和岩石节理倾角的不同研究节理类型对滚刀破岩的影响。岩石材料属性见表 5.4。

表 5.4　岩石和滚刀的力学参数

岩石类型	密度（kg/m³）	弹性模量（GPa）	泊松比	抗压强度（MPa）	抗拉强度（MPa）
大理岩	2350	7.5	0.23	62	5
花岗岩	3300	73.8	0.22	43.9	30.2

1. 有限元网格划分

在建模过程中，为提高仿真模拟的精确度，在划分岩石模型网格时采用八节点六面体单元。对于滚刀同样采用八节点六面体单元，但在划分单元的过程中需要对滚刀面进行切割。使用网格扫略法对刀圈进行划分，以保证模型在仿真的过程中不会出现网格奇异。由于在模拟滚刀破岩的过程中不考虑滚刀的变形和受力，所以在模型中将滚刀设置为刚体。由此可以对滚刀的网格进行一定的粗划，这样可以减少运算时间，还会影响计算结果的精度。岩石和滚刀的有限元网格划分示意图见图 5.8。

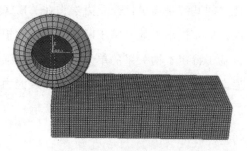

图 5.8　网格划分示意图

2. 模型边界条件设定

在模拟滚刀破岩的过程中，为了更准确地模拟，对滚刀施加约束，使得滚刀能够自由旋转、水平移动和垂直下降，即在 ABAQUS 软件中对滚刀施加恒定速度荷载。这是因为恒定速度荷载能够保证滚刀破岩过程中的一致性，更加符合滚刀在实际施工过程中的运动状态。为更好地描述岩石节理面之间的状态，对两节理面进行绑定约束。绑定约束能够使有裂隙的两部分合为一体，其相互之间还可以进行力的传递。对于节理岩石而言，其不同的节理面之间是不连续的，为保证滚刀面和节理面之间能够连续接触，在软件中滚刀与岩石的接触选择"面-面"接触，刀圈表面作为主动面，节理岩石表面作为从动面，使得模拟效果更加逼真。由于滚刀破岩是滚刀旋转切割的动态过程，分析步中采用动力显示的分析方法对滚刀破岩进行动态分析。根据实验台岩石的放置状态，对待破岩石的底部及两个侧面约束全部的自由度，如图 5.9 所示。

3. 模型准则的选择

在仿真中为使模型能够真实地反映岩石破碎后的失效变形，同时为了克服有限元软件自身的缺陷，通常情况下有限元软件模拟研究的是连续性物质，其

图 5.9　边界条件约束示意图

建立的基础是连续性介质力学。在 ABAQUS 有限元软件中引入了单元删除功能。单元损伤失效是基于断裂力学描述损伤对于材料破坏的影响而提出的，假设基于特定本构关系的单元材料在达到强度极限以后，材料刚度按照某一规律逐渐衰减到零，单元则逐渐丧失承载能力，最后退出有限元模型的计算。岩石的应力-应变响应曲线如图 5.10 所示。

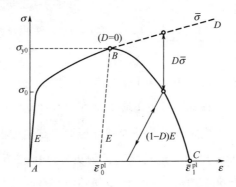

$\bar{\varepsilon}_1^{\,pl}$—岩石材料完全破碎后的应变；$\bar{\varepsilon}_0^{\,pl}$—岩石达到最大承载能力时的应变

图 5.10　岩石应力-应变响应曲线

图 5.10 所示的曲线中线性应力与应变关系的损伤模型可表示为

$$\varepsilon = \frac{\sigma}{E} = \frac{\sigma_{\text{ef}}}{E_0} = \frac{\sigma}{E_0(1-D)} = \frac{\sigma}{E_0 \Psi} \tag{5.19}$$

式中，E_0——材料的弹性模量；

　　　D——损伤变量。

对于损伤模型来说，最简单的模型是线性损伤模型。在图 5.10 中，从起点 A 到 σ_0 的曲线为弹性应变区域，σ_0 至 σ_{y0} 之间的区域为塑性应变区域，达到岩石的应力极限 σ_{y0} 后，岩石内部开始产生裂纹。设岩石材料在破碎之前的应变为 $\bar{\varepsilon}^{\,pl}$，岩石材料破碎时的应变为 $\dot{\varepsilon}^{\,pl}$，当塑性变形的状态变量 ω_s 为 1 时，岩

石达到塑性变形的屈服点 B。

$$\omega_s = \int \frac{\mathrm{d}\,\bar{\varepsilon}^{\mathrm{pl}}}{\bar{\varepsilon}^{\mathrm{pl}}(\theta_s, \dot{\bar{\varepsilon}}^{\mathrm{pl}})} \tag{5.20}$$

过 B 点后岩石开始进入刚度衰减区域，即 $B \sim C$ 区域。当刚度完全衰减后，岩石就丧失了承载力而形成破碎。引入衰减变量 D 表示岩石损伤后的应力，即

$$\sigma = (1-D)\bar{\sigma} \tag{5.21}$$

在模型中设置单元格的损伤失效原则，使得岩石模型网格达到极限应力后形成失效。选择柔性损伤的失效准则。柔性破坏模式下材料损伤演化的方式有两种：采用位移控制损伤或者能量控制损伤。在此采用位移控制，即当材料达到柔性破坏准则后，有效塑性位移的 $\bar{u}_{\mathrm{f}}^{\mathrm{pl}}$ 的大小由下式决定，即

$$\bar{u}_{\mathrm{f}}^{\mathrm{pl}} = L\,\dot{\bar{\varepsilon}}^{\mathrm{pl}} \tag{5.22}$$

式中，L——单元特征长度；

$\bar{u}_{\mathrm{f}}^{\mathrm{pl}}$——材料完全失效时的有效塑性位移。

则 D 为

$$D = \frac{L\,\dot{\bar{\varepsilon}}^{\mathrm{pl}}}{\bar{u}_{\mathrm{f}}^{\mathrm{pl}}} = \frac{\dot{\bar{u}}^{\mathrm{pl}}}{\bar{u}_{\mathrm{f}}^{\mathrm{pl}}} \tag{5.23}$$

式中，$\dot{\bar{u}}_{\mathrm{f}}^{\mathrm{pl}}$——岩石材料破碎时的有效塑性位移。

当 $D=1$ 时，材料完全失去承载能力，将该单元从网格中除去，即退出计算，有限元重新进行迭代，直到达到新的平衡，由此原理模型能够出现失效断裂。由于岩土类介质材料的屈服与体积变形或静水应力状态有关，在破岩模拟中采用线性 Drucker - Prager 准则模拟岩石的本构关系。这个准则不仅考虑了静水压力对屈服与强度的影响，还考虑了岩土类材料剪胀性的影响，使得模拟过程更贴近实际施工中滚刀的破岩过程。

5.2.3　节理倾角对岩石破碎的影响

在岩石节理间距为 80mm，滚刀具有相同贯入度及滚压速度的条件下，对滚刀切割含有不同节理倾角的岩石进行仿真分析。为更好地显示含有不同节理倾角岩石的内部破碎过程及变形情况，对破碎后岩石的等效塑性应变进行剖视，如图 5.11 所示。

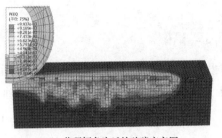

(a) 节理倾角为0°的破碎应变图

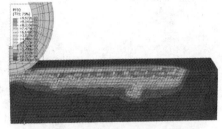

(b) 节理倾角为30°的破碎应变图

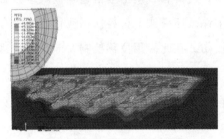

(c) 节理倾角为60°的破碎应变图

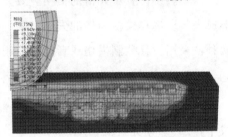

(d) 节理倾角为90°的破碎应变图

图 5.11　不同节理倾角的破碎应变图

　　图 5.11（a～d）是节理倾角为 0°，30°，60° 和 90° 的岩石应变分布剖视图。分析图 5.11（a）中的岩石应变分布情况可以得出：在滚刀切割节理倾角为 0° 的岩石的过程中，岩石表面产生的裂纹主要在节理面处向岩石内部延伸扩展，形成变形或破碎区域。破碎区域不均匀，节理处产生的破碎量较大。由图 5.11（b）中的岩石应变分布情况可以得出：滚刀在切割节理倾角为 30° 的岩石的过程中，岩石裂纹一般只聚集于待破岩面处，裂纹在节理处的扩展深度和非节理处的扩展深度基本一致，破碎区域较均匀。由图 5.11（c）中的岩石应变分布情况可以得出：滚刀在切割节理倾角为 60° 的岩石过程中，岩石表面产生的裂纹较多，且主要在节理面处，沿着 60° 的节理倾角方向向岩石内部延伸扩展。这是因为节理岩石在滚刀的作用下产生的破碎裂纹和岩石的节理面形成交汇，使得岩石形成大量的破碎体。由图 5.11（d）中的岩石应变分布情况可以得出：滚刀在切割节理倾角为 90° 的岩石过程中，岩石表面产生的裂纹和破碎量分布均匀，且随着深度增加均匀递减，但在岩石节理处裂纹及破碎量有小幅度增加，表明岩石节理具有引导岩石破碎裂纹产生和扩展的作用。

　　通过分析图 5.10（a～d）中岩石的破碎应变可以得出：在施工参数一定

的条件下，滚刀在切割节理倾角为 60° 的岩石的过程中，岩石产生的破碎量最大，裂纹沿着节理面的扩展能力最强。还可以得出：在切割节理倾角为 90° 的岩石的过程中，岩石表面产生的裂纹扩展均匀，且扩展能力较弱，因此破碎量最小，但在岩石节理处裂纹及破碎量有小幅度增加。

5.2.4　节理间距对岩石破碎的影响

　　为了更好地观察岩石节理间距这一单一影响因素对滚刀破岩的影响，仿真中选择岩石节理倾角均为 0°，节理间距分别为 80mm，100mm，150mm 和 200mm 的岩石模型进行滚刀破岩分析。通过分析上述四种节理岩石破碎后的应变图得出滚刀在切割节理岩石过程中岩石节理间距对其破碎效果的影响。通过模拟得出不同节理间距下岩石的应变分布情况，如图 5.12 所示。

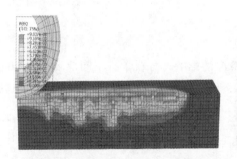

(a) 节理间距为80mm的破碎应变图

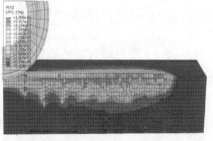

(b) 节理间距为100mm的破碎应变图

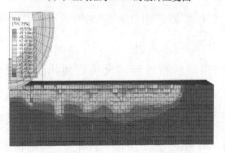

(c) 节理间距为150mm的破碎应变图

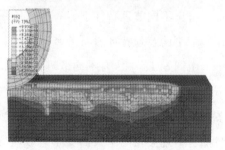

(d) 节理间距为200mm的破碎应变图

图 5.12　不同节理间距的破碎应变图

　　对比图 5.12（b～d）可以得出：在滚刀的作用下，滚刀切割过程中岩石在其节理面处产生的塑性变形的深度基本一致，岩石在节理面产生的破碎深度基本相同。图 5.12（a）与图 5.12（b～d）相比，在节理面处岩石的塑性变形深度较深。这说明，对于同一属性的岩石，岩石节理倾角对裂纹的扩展深度有影响，而当岩石节理间距大于 80mm 后，节理间距对其扩展深度的影响减弱。随着岩石节理数量的增加，节理处的破碎量也增加。在图 5.12 中可以看到：节理间距越小，节理间距间的塑性变形越大，破碎量越大，说明节理间距越小，岩石越容易破碎。

另外，对比图 5.12（a～c）可以得出，当岩石节理间距在 150mm 内变化时，节理间的岩石破碎及裂纹生成情况差异较明显，岩石破碎量随着节理间距的增加而增大。对比图 5.11（c，d），分析得出以下结论：当岩石节理间距大于 150mm 时，节理处的塑性变形深度基本一致，岩石表面的塑性变形量相同，表明节理间岩石的破碎量几乎不变。这说明当岩石节理间距大于 150mm 时，节理间距对岩石破碎量几乎不产生影响。

5.2.5　节理特征与岩石破碎的适应性

为全面了解节理特征对岩石破碎情况的影响，分析含有不同节理倾角和间距的岩石在滚刀切割力作用下的破碎变化趋势。通过对节理倾角分别为 0°，30°，60° 和 90°，节理间距分别为 80mm，100mm，150mm 和 200mm 的岩石进行模拟，对模拟后的破碎模型进行分析，并对模型的失效网格数量进行统计，计算失效网格的体积，根据体积得出失效区域范围。对上述分析进行数据统计，得出不同节理特征下岩石的破碎量变化曲线，由此判定在相同滚刀切割力作用下不同节理特征岩石的破碎情况，如图 5.13 所示。

由图 5.13 中含有不同节理间距、倾角的岩石破碎情况可以得出：在岩石节理间距不变的情况下，节理倾角在 0～60° 范围内变化时，岩石破碎量随着节理倾角的增大而变大；当岩石节理倾角在 60～90° 范围内变化时，岩石破碎量随着节理倾角的增大而变小。可以得出，相同节理间距条件下，节理倾角为 60° 的岩石在滚刀切割作用下的破碎量最大；当岩石节理倾角不变时，岩石的破碎量随着节理间距的增加而变小。这是因为，岩石节理间距变小，节理密度变大，使得岩石裂纹的数量增多，同时增加了节理处裂纹与岩石表面裂纹的交叉量，从而导致岩石的破碎区域变大。倾角为 90° 的节理岩石当间距为 80mm 时，在岩石节理处出现了少部分的岩石碎块，而当节理间距大于 100mm 时，

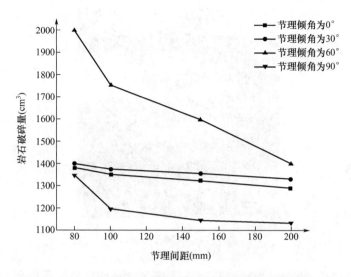

图 5.13　不同岩石节理间距和倾角的破碎量变化曲线

由于岩石节理间距的增加，节理处岩石受力和产生的变形量小于其破碎时所需的极限应力、应变值，因此节理处不会出现失效破碎，只会出现塑性变形。

　　另外，由图 5.13 中四条曲线的变化趋势可以得出：含有不同节理倾角的岩石，在滚刀破岩过程中，当岩石节理间距在 80～100mm 范围内变化时，节理间距对岩石破碎量影响较大；当岩石节理间距大于 100mm 时，节理间距对岩石破碎量的影响较小。

5.3　滚刀速度对岩石节理的适应性

　　运用本书第 3 章提及的双滚刀实验台，本节将对滚刀在掘进过程中的掘进特性及破岩效果等进行实验研究与验证。同时，分别针对上述理论研究，进行如下验证性实验：①破岩过程中滚刀振动特性实验；②千枚岩破碎过程中滚刀的受力分析；③花岗岩破碎过程实验；④滚刀对不同岩石样本的适应性实验。利用研制的硬岩掘进综合实验台进行双滚刀破岩实验。图 5.14、图 5.15 所示分别为实验台及其控制系统和操作界面。

5.3.1　滚刀破岩速度模型

　　在 TBM 掘进过程中，滚刀的法向推力主要影响滚刀的贯入速度，而滚刀

图 5.14 双滚刀实验台

(a) 实验台控制系统

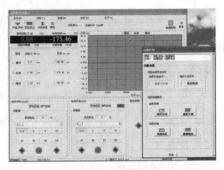

(b) 实验台控制系统操作界面

图 5.15 实验台控制系统及其操作界面

的滚动切割力影响滚刀的旋转速度。在滚刀的作用下岩石达到或超过其应力极限，形成裂纹或压溃。在刀盘驱动力作用下，滚刀随着刀盘的旋转对岩石形成圆周性破坏。

式（5.24）～式（5.27）从理论上解析了滚刀速度、滚刀半径和滚刀安装位置之间的关系。

角速度：

$$\omega = \frac{\phi}{t} = \frac{2\pi}{T} \tag{5.24}$$

滚刀速度：

$$v = \omega_g l_g \tag{5.25}$$

滚刀半径和滚刀安装位置的关系：

$$\frac{2\pi l}{2\pi R_g} = \frac{l}{R_g} = n \tag{5.26}$$

$$\omega_g = n\omega_p \tag{5.27}$$

以上式中，ω_g——滚刀角速度；

l_g——滚刀中心到刀盘中心的距离；

R_g——滚刀半径；

ω_p——刀盘角速度。

研究 TBM 掘进速度对岩石的适应性，能够因地制宜地选择掘进速度，对 TBM 效率的提高有着重要的影响。TBM 的工作效率系数为

$$W_T = \frac{TBM \ 掘进效率系数}{TBM \ 刀头推进系数 \times 马达电流消耗率} \tag{5.28}$$

其中，

$$TBM \ 掘进效率系数 = \frac{TBM \ 实际掘进速度}{最佳理论掘进速度} \tag{5.29}$$

$$TBM \ 刀头推进系数 = \frac{TBM \ 实际掘进刀头推力}{理论最大掘进推力} \tag{5.30}$$

$$马达电流消耗率 = \frac{TBM \ 实际电流}{理论最大电流} \tag{5.31}$$

5.3.2 仿真建模

在岩石材料属性的赋予中，为更好地研究滚刀运行状态对岩石破碎的影响，模型中选择同种属性、但岩石的节理类型有所不同的岩石材料作为仿真对象。为避免岩石内部材料属性对模拟效果的影响，假设岩石材料具有均匀性、各向同性和小变形特性。岩石模型选择 1000m×400m×200m 的长方体。选择常用的 17in 盘形滚刀作为破岩滚刀模拟滚刀破岩。岩石和滚刀材料属性见表 5.5。

表 5.5 岩石和滚刀的材料参数

材料	密度（kg/m³）	弹性模量（GPa）	泊松比	抗压强度（MPa）	抗拉强度（MPa）
岩石	2350	7.5	0.23	62	5
滚刀	7800	206	0.3	—	—

建模过程中，利用 Solidworks 软件绘制滚刀和岩石的三维图，然后将三维图形导入 ABAQUS 中，进行材料属性定义、部件装配、分析步设置、荷载边界条件设置、网格划分，最后提交分析。双滚刀破岩实验平台的破岩过程就是利用液压缸将力传给盘形滚刀，由此驱动滚刀以不同的压力挤压岩石，当滚刀下降到一定程度后，即达到滚入度。放置岩石的工作台会在前后液压缸的驱动下带动岩石形成被动切割。为使模拟效果更接近实验台的运行效果，在 ABAQUS 软件分析模块中采用两个分析步，第一个分析步是让滚刀以一定的速度下降，当滚刀下降到一定深度后开始第二个分析步，滚刀开始以设定的旋转速度旋转，同时开始径向运动，从而达到岩石的切割破碎。第二步虽然和实验台的运行稍有差别，但其破碎原理相同。对岩石材料的底部和四周施加全约束。在滚刀材料的中心设置参考点，并对刀体和参考点施加绑定约束，由参考点的运行形态代替滚刀的运动形态。在研究滚刀旋转速度影响的过程中，为更好地观察岩石的破碎变形效果，在模型的后处理阶段隐藏岩石中主体部分的网格，只显示岩石的节理。

5.3.3　滚刀旋转速度对节理岩石破碎的影响

为研究滚刀旋转速度对节理岩石破碎效果的影响，分析不同节理条件下滚刀的最佳旋转速度。在仿真中滚刀以 1rad/s，2rad/s，3rad/s，4rad/s 的旋转速度对节理岩石进行切割。节理倾角为 0°，30°，60°，节理间距为 80mm 的岩石破碎变形如图 5.16～图 5.18 所示。

图 5.16 (a) 中，节理岩石的破碎主要集中在非节理面，顺着节理面向下延伸的破碎量较少；图 5.16 (b) 中产生破碎变形的节理面的数量增加，节理面的破碎量明显增加；图 5.16 (c) 与图 5.16 (b) 相比，非节理面的破碎量有微量变化，但产生破碎的节理面减少，岩石整体破碎量也随之减少；图 5.16 (d) 与图 5.16 (c) 相比，岩石非节理面和节理面的破碎变形量都有明显的增加。由此说明，此类型节理岩石的最佳滚刀旋转速度为 2rad/s。

在图 5.17 中，图 5.17 (a) 中岩石整体的破碎深度和塑性变形的范围最小；图 5.17 (b) 中岩石的破碎主要在岩石表面；图 5.17 (c) 中岩石表面的破碎量增加，岩石内部节理面有轻微的破碎；图 5.17 (d) 中岩石内部节理面

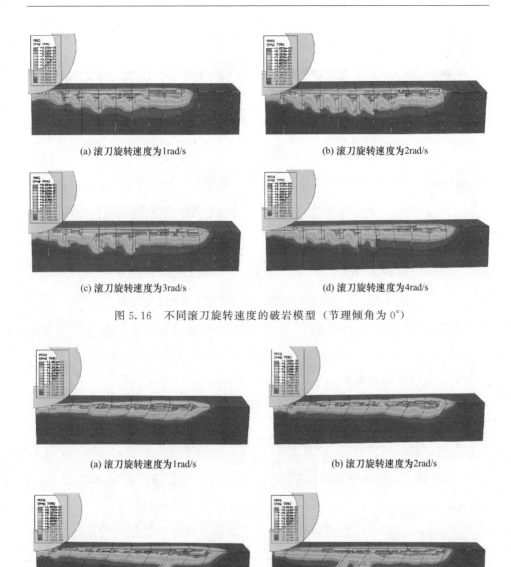

(a) 滚刀旋转速度为1rad/s　　　　　　　　　(b) 滚刀旋转速度为2rad/s

(c) 滚刀旋转速度为3rad/s　　　　　　　　　(d) 滚刀旋转速度为4rad/s

图 5.16　不同滚刀旋转速度的破岩模型（节理倾角为 0°）

(a) 滚刀旋转速度为1rad/s　　　　　　　　　(b) 滚刀旋转速度为2rad/s

(c) 滚刀旋转速度为3rad/s　　　　　　　　　(d) 滚刀旋转速度为4rad/s

图 5.17　不同滚刀旋转速度的破岩模型（节理倾角为 30°）

的破碎量增加，岩石内部变形范围增大。这说明，对于节理倾角为 30° 的岩石，当滚刀旋转速度为 4rad/s 时，岩石的破碎量最大。

图 5.18（a）中岩石节理面的破碎在部分区域不连续，节理间未破碎岩石较多；图 5.18（b）中节理面岩石的破碎宽度增加，节理面向下延伸的破碎区域连

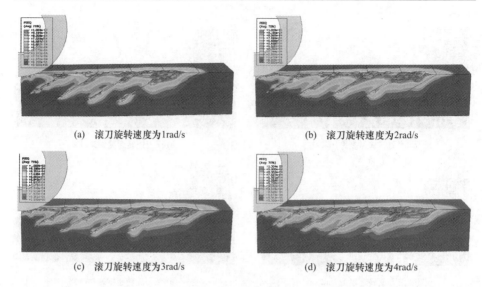

(a)　滚刀旋转速度为1rad/s　　　　　　(b)　滚刀旋转速度为2rad/s

(c)　滚刀旋转速度为3rad/s　　　　　　(d)　滚刀旋转速度为4rad/s

图5.18　不同滚刀旋转速度的破岩模型（节理倾角为60°）

续，与图5.18（a）相比在岩石节理间的塑性变形量增大；图5.18（c）中非节理面岩石的破碎区域有所增加，两节理面之间的岩石破碎量增加；图5.18（d）中岩石非节理面的破碎量减小，两节理面间的岩石破碎程度降低。可以得出：对于此类节理岩石，当滚刀旋转速度为3rad/s时，其破碎效果最好。

5.3.4　滚刀贯入速度对节理岩石破碎的影响

为研究滚刀的贯入速度对节理岩石破碎的影响，模拟滚刀以2mm/s，3mm/s，4mm/s，5mm/s，6mm/s，7mm/s的贯入速度对节理倾角为30°和60°、节理间距为80mm的岩石进行破碎的过程。根据失效网格的数量和变形区域的范围确定节理岩石的最佳贯入速度。破岩模型如图5.19、图5.20所示。

对比图5.19（a～c）可知，岩石的总体变形区域有所增加，极限变形区域随着滚刀贯入速度的提高而增加；对比图5.19（c，d）可以看出，随着贯入速度的提高，岩石内部的破碎变形范围有所减小。图5.19（e）与图5.19（d）相比，总的变形范围基本一致，但比图5.19（c）中的变形范围要小；图5.19（e，f）的内部变形区域与图5.19（d）相比有所增加，但其范围小于图5.19（c）。分析得出，对于此类节理岩石，当滚刀以4mm/s的贯入速度破岩时效率最高。

图5.20（a）中节理岩石在滚刀的作用下破碎没有形成贯通；图5.20（b）

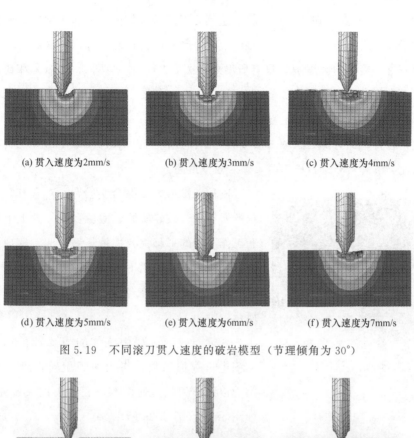

(a) 贯入速度为2mm/s　　　　　(b) 贯入速度为3mm/s　　　　　(c) 贯入速度为4mm/s

(d) 贯入速度为5mm/s　　　　　(e) 贯入速度为6mm/s　　　　　(f) 贯入速度为7mm/s

图 5.19　不同滚刀贯入速度的破岩模型（节理倾角为 30°）

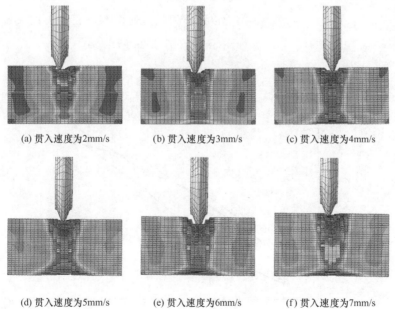

(a) 贯入速度为2mm/s　　　　　(b) 贯入速度为3mm/s　　　　　(c) 贯入速度为4mm/s

(d) 贯入速度为5mm/s　　　　　(e) 贯入速度为6mm/s　　　　　(f) 贯入速度为7mm/s

图 5.20　不同滚刀贯入速度的破岩模型（节理倾角为 60°）

与图 5.20（a）相比在岩石底部将要达到岩石的破碎极限，岩石上部的破碎变形区域增大；图 5.20（c）与图 5.20（b）相比节理岩石的底部产生破碎，在滚刀与岩石首先接触的区域破岩量有所增加；图 5.20（d）与图 5.20（c）相比，节理岩石底部的破碎变形明显增加；图 5.20（e）与图 5.20（d）相比，岩石底部的破碎变形有所减小，岩石上部区域的破碎明显增加；图 5.20（f）与图 5.20（e）相比，岩石底部有部分区域未形成破碎。由此得出：当滚刀以 6mm/s 的贯入速度对此类节理岩石进行破岩时，破岩效率最高。

图 5.21　滚刀破岩实验效果

利用双滚刀岩石综合实验台，对含有节理特征的岩石进行破碎实验。实验台滚刀的上下移动和工作平台的平移主要由液压系统驱动完成，在液压系统的共同作用下实现了滚刀以不同贯入速度和切割线速度破碎岩石。其破岩效果如图 5.21 所示。

对岩石破碎过程中施加的力及岩石的破碎面积进行数据采集，得出滚刀旋转速度与其切削力以及滚刀贯入速度与其正压力的关系曲线，如图 5.22、图 5.23 所示。

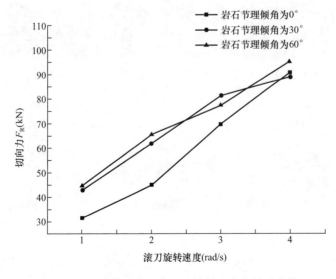

图 5.22　实验台纵向力与滚刀旋转速度的关系曲线

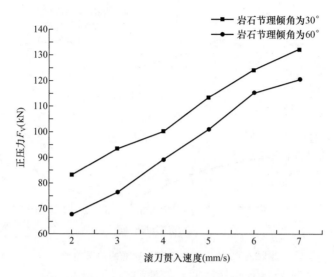

图 5.23　实验台正压力与滚刀贯入速度的关系曲线

　　根据比能评价其最佳贯入速度和旋转速度。滚刀旋转速度和贯入速度的比能计算公式为

$$SE_1 = \frac{F_R L}{V_1} \qquad (5.32)$$

$$SE_2 = \frac{F_V h}{V_2} \qquad (5.33)$$

式中，SE_1——旋转速度的破岩比能；

　　　　SE_2——贯入速度的破岩比能；

　　　　L——滚刀破岩走过的长度；

　　　　h——滚刀破岩深度；

　　　　V_1——不同滚刀旋转速度下岩石的破碎体积；

　　　　V_2——不同贯入速度下岩石的破碎体积。

　　与滚刀速度相关的比能曲线如图 5.24、图 5.25 所示。

　　由图 5.24 中的比能关系曲线得到：对于节理倾角为 0°的岩石，当滚刀以 2rad/s 的旋转速度运行时，其比能最小，说明此时滚刀破岩的效率高、能耗少。同理，对于节理倾角为 30°和 60°的岩石，其最小比能分别出现在 4rad/s 和 3rad/s 左右。图 5.25 中比能曲线的最小值对应的滚刀贯入速度分别是 4mm/s 和 6mm/s。通过实验得出的结论与仿真软件得出的结果整体趋势一致。

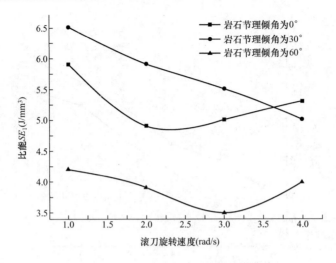

图 5.24　滚刀旋转速度与比能的关系曲线

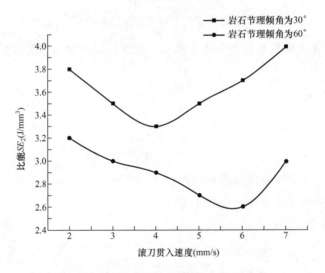

图 5.25　滚刀贯入速度与比能的关系曲线

5.3.5　滚刀对不同岩石样本的适应性

为进一步分析滚刀对岩石的适应性，通过实验台分别对大理岩、片麻岩、片岩和硬砂岩四种岩石样本进行破碎实验，并利用实验台内置测力传感器和三维扫描仪对滚刀受力及岩石样本破碎情况进行实际测量，进而分析岩石样本强度、贯入度等因素对滚刀破岩效果的影响。

四种岩石样本分别为大理岩 M121、片麻岩 GN2051、片岩 S1－551、硬砂岩 C56，岩石材料参数见表 5.6。样岩尺寸均为 1500mm×800mm×400mm，无初始应力条件下完成单把滚刀的被动切割。破岩过程中实验台单滚刀滚压速度为 1.5m/s。

表 5.6　岩石材料参数

岩石样本	密度 （kg/m³）	弹性模量 （GPa）	泊松比	抗压强度 （MPa）	抗拉强度 （MPa）
大理岩	2600~2900	9.62~74.83	0.19~0.29	100~250	7~20
片麻岩	2400~2900	30.3~66	0.21	74.6~101	26~31
片岩	1500	51.02	0.19~0.23	75.1	—
硬砂岩	1900	15.4~29.2	0.16	57.7	15~25

为分析岩石样本强度对滚刀受力的影响，实验过程中设定滚刀贯入度均为 10mm/r。图 5.26 所示为利用实验台内置测力传感器得出的滚刀切割大理岩、片麻岩、片岩、硬砂岩样本的受力比对。由图 5.26 可知，滚刀在切割岩石样本过程中，受力沿切割长度基本相等，为波浪形水平线。这主要是因为岩石是脆性材料，滚刀切割时岩石呈块状脱离，当一小块岩石脱离时，滚刀对岩石施加的力略有降低，当滚刀接触到下一小块岩石时，滚刀对岩石施加的力略有上

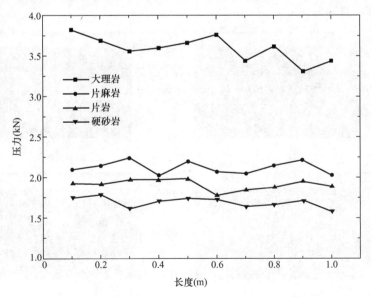

图 5.26　切割过程中滚刀的受力

升。这种力的略微降低和升高的现象一直出现在整个切割过程中，使岩石的受力呈波浪形水平变化。在本实验条件下，滚刀贯入度相同且实现滚刀破岩效果后，滚刀受力随着硬砂岩、片岩、片麻岩和大理岩抗压强度的不断增大而增大。这与之前理论分析得出的在贯入度相同情况下四种岩石样本的抗压强度越大，滚刀所受应力值越大的结果一致。由分析可以得出，滚刀贯入度相同时，滚刀受力与岩石自身抗压强度呈一定的对应关系，这与之前对上述四种岩石样本仿真分析的结果是一致的。

　　为分析滚刀受力对破岩效率的影响，在实验中设定滚刀下压力为 3.5kN。利用三维扫描仪对大理岩、片麻岩、片岩和硬砂岩四种岩石样本进行破碎实验后贯入度情况分析比对，如图 5.27 所示。在岩石样本破碎区域量取十个点，每一点表示滚刀径向的最大切割深度，如图 5.28 所示。可以看出，沿着滚刀切割方向，贯入度呈波浪形水平线变化。产生这种现象的原因是，滚刀以一定大小的作用力切割时，岩石会出现裂纹并呈块状脱离，因为岩石属脆性材料，裂纹扩展的方向与大小并不规律，受力脱落的岩块大小也不均匀，造成岩石表面破碎深度和滚刀贯入度大小不一，导致滚刀对岩石的作用力幅值上下波动。分析可得，在本实验条件下，上述四种岩石样本特性不同，随着岩石样本抗压强度增大，滚刀切割岩石样本的贯入度降低。

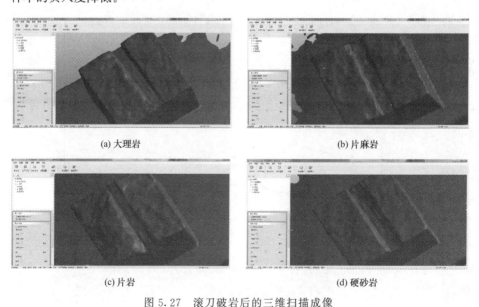

(a) 大理岩　　　　(b) 片麻岩

(c) 片岩　　　　(d) 硬砂岩

图 5.27　滚刀破岩后的三维扫描成像

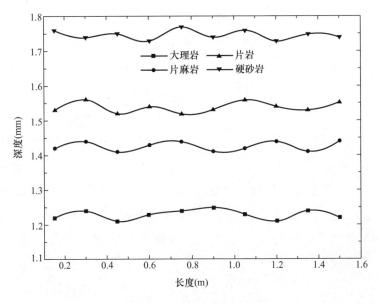

图 5.28　岩石样本的切割深度

　　通过实验分析可以得出：岩石的临界贯入度是由岩石样本自身属性决定的，不同种类的岩石存在不同的临界贯入度，并且岩石自身的抗压强度与临界贯入度呈对应关系。岩石抗压强度越大，发生破碎所需的切割力越大。实验结果与上述仿真分析及理论研究的结果一致，证明了理论的正确性。本实验条件下，在分析滚刀对大理岩、片麻岩、片岩和硬砂岩四种岩石样本的适应性时测量得出了四种岩石样本的临界贯入度，见表 5.7。

表 5.7　岩石样本抗压强度与临界贯入度

岩石样本	大理岩	片麻岩	片岩	硬砂岩
抗压强度（MPa）	100～250	74.6～101	75.1	57.7
临界贯入度（mm/r）	1.22	1.43	1.52	1.76

5.4　小　　结

　　本章基于对盘形滚刀破岩机理和岩石破碎过程的详细分析介绍了利用 ABAQUS 软件模拟滚刀切割节理岩石过程中岩石节理特征对滚刀破岩的影响及滚刀速度对岩石节理的适应性。利用实验台对岩石进行破碎实验，以此验证实验台可应用于实际工程。本章得出的结论如下：

1) 在深入分析滚刀破岩机理的基础上，利用有限元软件建立滚刀破岩模型，分析滚刀对不同节理类型岩石的破碎效果，根据破碎效果分析节理类型对岩石破碎程度的影响。当节理倾角为 60°时，岩石的破碎量达到最大，节理引导裂纹扩展的能力最强；当节理倾角为 90°时，岩石的破碎量最小，即岩石最不易发生破碎。当节理间距在 80~100mm 范围内变化时，节理间距对岩石破碎量的影响较大。

2) 根据双滚刀破岩实验平台的破岩过程，利用软件仿真模拟滚刀下压后切割的过程。在此过程中，调节滚刀的下压速度和滚刀切割速度，分析同种岩石在不同速度下的破岩效果。根据破岩模型分析得出，对于节理间距为 80mm，节理倾角分别为 0°，30°，60°的岩石而言，滚刀最佳破岩旋转速度分别为 2rad/s，4rad/s，3rad/s。岩石的节理倾角对滚刀旋转速度有一定影响，但其作用规律不明显；岩石节理倾角对滚刀的贯入速度有一定影响。在其他施工条件不变的情况下，节理倾角为 60°时滚刀贯入速度最大，破岩效率最高。本章利用实验数据对比分析了模拟的正确性，为现场施工提供了重要的参考。

参考文献

［1］郑孝福．西秦岭特长隧道 TBM 施工有轨运输系统工程实践［J］．隧道建设，2018，38
（1）：80-85.

［2］毛卫洪．隧道掘进机（TBM）选型探讨［J］．国防交通工程与技术，2011（5）：15-17.

［3］洪开荣，王杜娟，郭如军．我国硬岩掘进机的创新与实践［J］．隧道建设，2018，38
（4）：519-532.

［4］刘飞，段海林．锦屏二级水电站引水隧洞岩溶段处理措施及施工［J］．低碳世界，
2018（1）：103-104.

［5］隆威，尹俊涛．TBM 掘进技术的发展［J］．凿岩机械气动工具，2006（1）：43-48.

［6］谢志勇，高明忠，李文成．大型地下洞室盾构掘进施工特征分析［J］．四川水力发电，
2012，31（6）：62-65.

［7］杨凯，夏毅敏．TBM 滚刀不同切削顺序下破岩特性及优化布置［D］．长沙：中南大
学，2014.

［8］BARBARA STACK. Handbook of mining and tunnelling machinery［M］. Chichester：
Wiley-Interscience，1982.

［9］YUKINORI KOYAMA. Present status and technology of shield tuneling method in Japan［J］.
Tunnelling and Underground Space Technology，2003，18（2）：145-159.

［10］茅承觉．全断面岩石掘进机发展概况［J］．工程机械，1992，23（6）：32-36.

［11］万治昌，沙明元，周雁领．盘形滚刀的使用与研究（2）［J］．现代隧道技术，2002，
39（6）：1-12.

［12］王建宇．关于我国隧道工程的技术进步［J］．中国铁道科学，2001，55（8）：72-78.

［13］王忠诚，刘春友．全断面岩石掘进机及其在我国的发展与应用［J］．东北水利水电，
2001，19（8）：10-12.

［14］TORABI S R，SHIRAZI H，HAJALI H，et al. Study of the influence of geotechnical
parameters on the TBM performance in Tehran-Shomal highway project using ANN and
SPSS［J］. Arabian Journal of Geosciences，2013，6（4）：1215-1227.

［15］KRAUSS W，KONYS J，LI-PUMA A. TBM testing in ITER：Requirements for the
development of predictive tools to describe corrosion-related phenomena in HCLL blan-
kets towards DEMO［J］. Fusion Engineering and Design，2010，87（5）：403-406.

[16] CHAUDHARI V, SINGH R K, CHAUDHURI P, et al. Analysis of the reference accidental sequence for safety assessment of LLCB TBM system [J]. Fusion Engineering and Design, 2012, 87 (5): 747 - 752.

[17] GONG Q M, YIN L J, WU S Y, et al. Rock burst and slabbing failure and its influence on TBM excavation at headrace tunnels in Jinping II hydropower station [J]. Engineering Geology, 2012, 124 (4): 98 - 108.

[18] HASANPOUR ROHOLA, ROSTAMI JAMAL, ÜNVER BAHTIYAR. 3D finite difference model for simulation of double shield TBM tunneling in squeezing grounds [J]. Tunneling and Underground Space Technology, 2014 (40): 109 - 126.

[19] BARTON NICK. Reducing risk in long deep tunnels by using TBM and drill-and-blast methods in the same project-The hybrid solution [J]. Journal of Rock Mechanics and Geotechnical Engineering, 2012, 4 (2): 115 - 126.

[20] GOEL R K. Tunneling through weak and fragile rocks of Himalayas [J]. International Journal of Mining Science and Technology, 2014 (24): 783 - 790.

[21] 张文. TBM 掘进异常处理及参数选择 [J]. 现代装饰 (理论), 2011 (12): 68 - 70.

[22] 高琨. 单护盾 TBM 在突泥涌砂地质段施工探讨 [J]. 隧道建设, 2012, 32 (1): 94 - 98.

[23] WALTON G, DIEDERICHS M S, ALEJANO L R, et al. Verification of a laboratory-based dilation model for in situ conditions using continuum models [J]. Journal of Rock Mechanics and Geotechnical Engineering, 2014 (6): 522 - 534.

[24] WU SHIYONG. Rock mechanical problems and optimization for the long and deep diversion tunnels at Jinping II hydropower station [J]. Journal of Rock Mechanics and Geotechnical Engineering, 2011, 3 (4): 314 - 328.

[25] 白晔. 引红济石隧洞的工程地质条件及施工问题处理对策探讨 [J]. 地下水, 2014, 36 (5): 180 - 181.

[26] 李震, 霍军周, 孙伟, 等. 全断面岩石掘进机刀盘结构主参数的优化设计 [J]. 机械设计与研究, 2011, 27 (1): 83 - 86.

[27] 李刚, 于天彪, 费学婷, 等. 一种基于 CSM 模型的 TBM 刀盘比能预测方法 [J]. 东北大学学报 (自然科学版), 2012, 33 (12): 1766 - 1769.

[28] 李辉, 王树林, 汪加科. TBM 盘形滚刀受力分析 [J]. 现代隧道技术, 2012, 49 (3): 193 - 197.

[29] 张魁, 夏毅敏, 谭青, 等. 不同围压条件下 TBM 刀具破岩模式的数值研究 [J]. 岩土工程学报, 2010, 32 (11): 1780 - 1787.

[30] 王旭, 赵羽, 张宝刚, 等. TBM 滚刀刀圈磨损机理研究 [J]. 现代隧道技术, 2010,

47 (5)：15-19.

[31] 卢瑾，高捷，梅稚平. 岩石力学参数对 TBM 掘进速率的影响分析 [J]. 水电能源科学，2010，28 (7)：44-46.

[32] 孙金山，陈明，陈保国，等. TBM 滚刀破岩过程影响因素数值模拟研究 [J]. 岩土力学，2011，32 (6)：1891-1897.

[33] 谭青，徐孜军，夏毅敏，等. 两种切削顺序下 TBM 刀具破岩机理的数值研究 [J]. 中南大学学报（自然科学版），2012，43 (3)：940-946.

[34] 邓志鑫，晏启祥. 不同贯入度下铁路隧道 TBM 盘形滚刀的破岩效率分析 [J]. 路基工程，2017 (3)：49-54.

[35] 夏毅敏，吴元，郭金成，等. TBM 边缘滚刀破岩机理的数值研究 [J]. 煤炭学报，2014，39 (1)：172-178.

[36] 桑松龄. TBM 刀盘支撑筋布置优化 [J]. 机械工程与自动化，2013 (16)：13-16.

[37] 张坤勇，文德宝，沈波. 埋深对 TBM 法掘进隧道应力变形的影响 [J]. 解放军理工大学学报（自然科学版），2012，13 (3)：298-304.

[38] 莫振泽. 自由面对滚刀破岩机制影响的数值模拟研究 [J]. 土木基础，2013，27 (6)：102-104.

[39] 邓立营，杨涛，高伟贤，等. 全断面硬岩掘进机刀盘结构改进设计 [J]. 机械设计与制造，2014 (2)：52-58.

[40] 程军，巩亚东. 基于数字样机技术的隧道掘进机刀盘破岩机理分析 [J]. 中国机械工程，2013 (14)：1847-1852.

[41] THEWES M, HOLLMANN F. TBM-specific testing scheme to assess the clogging tendency of rock [J]. Geomechanics and Tunnelling, 2014，7 (5)：520-527.

[42] HELMUT POSCH, ROLAND MURR, HELMUT HUBER, et al. Tunnel excavation-The conflict between waste and recycling through the example of the Koralm Tunnel contract KAT2 [J]. Geomechanics and Tunnelling, 2014，7 (5)：437-450.

[43] ENTACHER M, GALLER R. Monitoring and lei stung sprog nose on TBM-vortrieben [J]. Geomechanics and Tunnelling, 2013 (6)：725-731.

[44] SATOSHI SATO, HISASHI TANIGAWA , TAKANORI HIROSE, et al. Gamma-ray dose analysis for ITER JA WCCB - TBM [J]. Fusion Engineering and Design, 2014，89 (9)：1984-1988.

[45] 李宁，李国良. 兰渝铁路特殊复杂地质隧道修建技术 [J]. 隧道建设，2018，38 (3)：481-490.

[46] 曹海涛. TBM 引进以来存在问题之回顾及对策 [J]. 国防交通工程与技术，2011

(1)：32-36.

[47] 张照煌，李振，宋纯宁．全断面岩石掘进机刀盘结构设计的发展与挑战 [J]．矿山机械，2018，46（9）：1-7.

[48] 胡精美．大伙房水库输水隧洞工程施工方法应用探析 [J]．吉林水利，2015（10）：60-62.

[49] PURAN SINGH. Design and analysis of a micro tunnel boring machines（TBM）[J]. Universal Journal of Mechanical Engineering，2014，2（3）：87-93.

[50] POITEVIN Y，RICAPITO I，ZMITKO M，et al. Progresses and challenges in supporting activities toward a license to operate European TBM systems in ITER [J]. Fusion Engineering and Design，2014，89（7）：1113-1118.

[51] DELISIO A，ZHAO J. A new model for TBM performance prediction in blocky rock conditions [J]. Tunnelling and Underground Space Technology，2014（43）：440-452.

[52] HEIM D G A. Equipment for advance probing and for advance treatment of the ground from the TBM [J]. Geomechanics and Tunnelling，2012，5（1）：57-66.

[53] YIN L J，GONG Q M，ZHAO J. Study on rock mass boreability by TBM penetration test under different in situ stress conditions [J]. Tunnelling and Underground Space Technology，2014（43）：413-426.

[54] CHO J W，JEON S，YU S H，et al. Optimum spacing of TBM disc cutters：A numerical simulation using the three-dimensional dynamic fracturing method [J]. Tunnelling & Underground Space Technology，2010，25（3）：230-244.

[55] 李刚，朱立达，杨建宇，等．基于 CSM 模型的硬岩 TBM 滚刀磨损预测方法 [J]．中国机械工程，2014，25（1）：33-35.

[56] 谭青，易念恩，夏毅敏，等．TBM 滚刀破岩动态特性与最优刀间距研究 [J]．岩石力学与工程学报，2012，31（12）：2453-2464.

[57] 陈炳瑞，冯夏庭，肖亚勋，等．深埋隧洞 TBM 施工过程围岩损伤演化声发射试验 [J]．岩石力学与工程学报，2010，29（8）：1562-1569.

[58] 张占杰，刘朴，赵海峰，等．TBM 滚刀刀圈材料性能的研究 [J]．钢铁研究，2013，41（1）：18-26.

[59] 吴玉厚，田军兴，孙健，等．基于 ABAQUS 的岩石节理特征对滚刀破岩影响研究 [J]．沈阳建筑大学学报（自然科学版），2015，31（3）：534-542.

[60] CHENG WUWEI，WANG WENYOU，HUANG SHIQIANG，et al. Acoustic emission monitoring of rockbursts during TBM-excavated headrace tunneling at Jinping II hydropower station [J]. Journal of Rock Mechanics and Geotechnical Engineering，2013（5）：486-494.

［61］ 王彦峡，章跃林．TBM 过沟河不良地质洞段施工技术研究 ［J］．土工基础，2013，27（4）：20 - 22.

［62］ 贺溪，郭长江．TBM 施工在楞古水电站引水隧洞的应用探讨 ［J］．低碳世界，2014（17）：123 - 124.

［63］ 惠世前，金长文．CCS 水电站大断面长隧洞双护盾 TBM 掘进技术 ［J］．云南水力发电，2014，30（5）：78 - 81.

［64］ 曹平，林奇斌，李凯辉，等．节理倾角和间距对 TBM 双刃盘形滚刀破岩效率的影响 ［J］．中南大学学报（自然科学版），2017，48（5）：1293 - 1299.

［65］ 刘建琴，刘蒙蒙，郭伟．隧道掘进机刀盘结构性能评价研究关键问题分析 ［J］．现代隧道技术，2013，51（2）：5 - 8.

［66］ 孙红，周鹏，孙健，等．岩石隧道掘进机滚刀受力及磨损 ［J］．辽宁工程技术大学学报（自然科学版），2013，32（9）：1237 - 1240.

［67］ 王贺．复合地层 TBM 破岩过程滚刀磨损机理及掘进效率研究 ［D］．重庆：重庆大学，2016.

［68］ SANSEVERINO E R，ZIZZO G，CASCIA D L. Economic impact of BACS and TBM systems on residential buildings ［C］. 2013 International Conference on Clean Electrical Power（ICCEP）：591 - 595.

［69］ WANG JINGCHENG，GE YANG，LI CHUANG. Prediction of TBM penetration rate based on the model of PLS -FNN ［J］. Chinese Control and Decision Conference（CCDC），2013：1295 - 1299.

［70］ 毛红梅，陈馈．不同刀具配置下隧道掘进机高效破岩机理与推力预估 ［J］．岩土工程学报，2013，35（9）：1627 - 1632.

［71］ WANG PINGHUAI，CHEN JIMING，FU HAIYING，et al. Technical issues for the fabrication of a CN - HCCB - TBM based on RAFM steel CLF - 1 ［J］. Plasma Science and Technology，2013，15（2）：133 - 136.

［72］ 陈娜．基于隧道复杂地况下 TBM 施工应对措施分析 ［J］．建筑技术开发，2018，45（24）：28 - 29.

［73］ 张珂，王腾跃，孙红，等．全断面岩石掘进机盘形滚刀破岩模拟 ［J］．沈阳建筑大学学报（自然科学版），2010，26（6）：1209 - 1213.

［74］ LEE HO-KEUN，KANG HYUN-WOOK，et al. A study on the selection of optimal cross section according to the ventilation system in TBM road tunnels ［J］. Journal of Korean Tunnelling and Underground Space Association，2013，15（2）：135 - 148.

［75］ 赵阳，洪啸．TBM 刀盘驱动过程仿真研究 ［J］．机床与液压，2014，42（19）：123 - 126.

[76] KURT KOGLER, HARALD KRENN. Drilling processes to explore the rock mass and groundwater conditions in correlation with TBM-tunnelling [J]. Geomechanics and Tunnelling, 2014, 7 (5): 528 – 539.

[77] NEDIM RADONCI, MARIO HEIN, BERND MORITZ. Determination of the system behaviour based on data analysis of a hard rock shield TBM [J]. Geomechanics and Tunnelling, 2014, 7 (5): 565 – 576.

[78] ANGELONE M, KLIX A, PILLON M, et al. Development of self-powered neutron detectors for neutron flux monitoring in HCLL and HCPB ITER-TBM [J]. Fusion Engineering and Design, 2014, 89 (9): 2194 – 2198.

[79] 龚秋明, 余祺锐, 侯哲生, 等. 高地应力作用下大理岩岩体的 TBM 掘进实验研究 [J]. 岩石力学与工程学报, 2010, 29 (12): 2522 – 2532.

[80] SUN JIAN, ZHAO DEHONG, SUN HONG, et al. Design and simulation of the hydraulic system for the rock hob test-bed [J]. Advanced Materials Research, 2011 (146 – 147): 565 – 570.

[81] 赵晓东. 基于土层识别的盾构刀盘转速控制策略研究 [J]. 电脑知识与技术, 2015, 11 (8): 194 – 196.

[82] 韩美东. 全断面岩石掘进机刀盘掘进载荷特性与结构性能研究 [D]. 天津: 天津大学, 2017.

[83] 郭京波, 王旭东, 郑丽塱, 等. 基于多目标遗传算法的复合式盾构刀盘刀具布置优化 [J]. 隧道建设, 2017, 37 (4): 517 – 521.

[84] 宋克志, 袁大军, 王梦恕. 隧道掘进机 (TBM) 刀盘转速的讨论 [J]. 建筑机械, 2005 (8): 63 – 64.

[85] REHBOCK-SANDER MICHAEL, WIELAND GERD, JESEL THOMAS. Advance probing measures on the TBM drives of the south contracts of the Gotthard Base Tunnel-experience and implications for other projects [J]. Geomechanics and Tunnelling, 2014, 7 (5): 551 – 561.

[86] 孙学铭. 基于离散单元法的 TBM 滚刀破岩过程数值模拟研究 [D]. 济南: 山东建筑大学, 2019.

[87] 吴波, 阳军生. 岩石隧道全断面掘进机施工技术 [M]. 合肥: 安徽科学技术出版社, 2008.

[88] OZDEMIR L, MILLER R, WANG F D. 岩石掘进机设计与掘进作业预测年度报告 [G] //中国科学技术情报研究所. 岩石掘进机译文集 (第二集). 北京: 科学技术文献出版社, 1978: 1 – 5.

[89] 王腾跃. TBM 盘形滚刀关键技术及试验装置研制 [D]. 沈阳: 沈阳建筑大学, 2011.